国家社会科学基金一般项目
中国近现代城市建筑的嬗变与转型研究(项目编号:14BSH058)

鼓浪屿的世界文化遗产价值研究

梅 青 著

图书在版编目(CIP)数据

鼓浪屿的世界文化遗产价值研究/梅青著. --上海：同济大学出版社,2018.8
ISBN 978-7-5608-7877-5

Ⅰ.①鼓… Ⅱ.①梅… Ⅲ.①鼓浪屿—建筑艺术—研究 Ⅳ.①TU-881.2

中国版本图书馆 CIP 数据核字(2018)第 105409 号

鼓浪屿的世界文化遗产价值研究

梅 青 著

责任编辑 那泽民 **责任校对** 徐春莲 **封面设计** 那泽民 陈益平

出版发行 同济大学出版社 www.tongjipress.com.cn
(地址:上海市四平路 1239 号 邮编:200092 电话:021-65985622)
经　　销 全国各地新华书店
排　　版 南京月叶图文制作有限公司
印　　刷 上海同济印刷厂有限公司
开　　本 787 mm×1092 mm 1/16
印　　张 14.25
字　　数 285 000
版　　次 2018 年 8 月第 1 版 2018 年 8 月第 1 次印刷
书　　号 ISBN 978-7-5608-7877-5

定　　价 68.00 元

鼓浪屿的世界文化遗产价值研究

Research on the Values of Gulangyu World Cultural Heritage

梅青　撰文/摄影

本书为“国家社会科学基金一般项目”的结题报告(项目代号:14BSH058),得到了福建省厦门市鼓浪屿——万石山风景名胜区管理委员会的“鼓浪屿遗产之核心价值研究与保护性再利用设计”项目支持。著者在此表示由衷的感谢!

目录 Contents

1 绪论 …… 1
1.1 研究的背景 …… 2
1.1.1 价值在文化遗产保护领域的影响 …… 3
1.1.2 文化遗产的产生及其社会功能 …… 3
1.1.3 国际社会对遗产价值的阐述与评估 …… 5
1.1.4 我国世界文化遗产价值与评估 …… 8
1.2 研究的目的和意义 …… 10
1.2.1 研究的目的 …… 10
1.2.2 研究的意义 …… 11
1.3 研究的主要内容 …… 11
1.4 研究的基本观点 …… 13
1.4.1 科学价值 …… 13
1.4.2 功能价值 …… 14
1.4.3 美学价值 …… 14
1.4.4 经济价值 …… 14
1.4.5 历史价值 …… 14
1.4.6 文化价值 …… 15
1.5 突出普遍价值的概念与讨论 …… 15
1.5.1 鼓浪屿的突出普遍价值 …… 18
1.5.1.1 鼓浪屿艺术的“普世性” …… 18
1.5.1.2 鼓浪屿中西合璧的建筑艺术 …… 21

1.5.2 鼓浪屿遗产的历史价值 …… 22
1.5.3 鼓浪屿遗产的使用价值 …… 25
1.5.4 鼓浪屿遗产的文化价值 …… 25
1.5.5 鼓浪屿遗产的情感价值 …… 31
1.5.6 鼓浪屿遗产的史料价值 …… 35
1.5.7 鼓浪屿遗产的科学价值 …… 41
1.5.8 鼓浪屿遗产的艺术价值 …… 45
1.5.8.1 核心建筑案例八卦楼的艺术价值分析 …… 46
1.5.8.2 核心建筑案例吴氏宗祠的艺术价值分析 …… 48
1.5.8.3 核心建筑案例原日本领事馆建筑群的艺术价值分析 …… 48
1.5.8.4 核心建筑案例海天堂构建筑群的艺术价值分析 …… 48
1.5.9 鼓浪屿遗产的社会价值 …… 50

2 鼓浪屿的物质文化遗产价值解析 …… 58
2.1 万国租界的历史建筑遗产及其价值 …… 59
2.1.1 《南京条约》与《厦门鼓浪屿公共地界章程》 …… 60
2.1.2 鼓浪屿的17世纪～1840年的历史建筑 …… 67
2.1.3 1840～1860年鼓浪屿的历史建筑 …… 72
2.1.4 1860～1895年鼓浪屿的历史建筑 …… 73
2.1.5 1895～1903年台胞与华侨的历史建筑 …… 79
2.2 鼓浪屿的生态价值 …… 94
2.2.1 鼓浪屿建筑中的生态学 …… 97
2.2.2 地方建造中的生态智慧 …… 100
2.2.3 海上花园 …… 105

3 鼓浪屿的物质文化遗产保护 …… 109
3.1 建筑遗产保护的伦理 …… 109
3.2 建筑遗产保护的情理 …… 113
3.3 建筑遗产保护的法理 …… 115

3.3.1 国际古迹遗址理事会宪章与国际准则 …… 118
3.3.1.1 1931年的雅典宪章 …… 119
3.3.1.2 1964年的威尼斯宪章 …… 119
3.3.1.3 1975年关于建筑遗产的欧洲宪章 …… 120
3.3.1.4 1987年的华盛顿宪章 …… 120
3.3.1.5 1994年的奈良真实性文件 …… 120
3.3.1.6 1999年布拉宪章的调整 …… 121
3.4 建筑遗产保护的学理 …… 122
3.4.1 遗产保护的漫漫长路 …… 122
3.4.2 为何保护 …… 126
3.4.2.1 考古层面的保护动机 …… 127
3.4.2.2 艺术层面的保护动机 …… 127
3.4.2.3 社会层面的保护动机 …… 127
3.4.3 城市的文脉 …… 128
3.4.4 市容概念与城市设计 …… 132

4 鼓浪屿文化遗产的价值延伸 …… 133
4.1 鼓浪屿当下诗意的栖居 …… 134
4.2 鼓浪屿的经济价值 …… 136
4.3 鼓浪屿的政治价值 …… 143

5 保护技能与保护设计 …… 146
5.1 感知与学习 …… 146
5.2 保护中判断 …… 147
5.2.1 知识 …… 147
5.2.2 权重/加权因子 …… 147
5.3 调查历史建筑Ⅰ …… 147
5.3.1 建筑调研的本质 …… 148
5.3.2 建筑调研的目标 …… 149

5.3.3 对现有建筑的保护 …… 149
5.3.3.1 保护 …… 149
5.3.3.2 改造 …… 150
5.4 调查历史建筑Ⅱ …… 150
5.4.1 建筑调研的基础 …… 151
5.4.1.1 评估的范围 …… 151
5.4.1.2 专家意见的级别 …… 151
5.4.1.3 专家意见的级别客户的预期 …… 152
5.4.2 详细的调研方法步骤 …… 153
5.4.3 历史性建筑调研形式 …… 153
5.4.3.1 建筑形式 …… 154
5.4.3.2 分类 …… 154
5.4.3.3 辨别 …… 154
5.4.3.4 特殊建筑类型 …… 154
5.4.3.5 特征与认同性 …… 155

6 鼓浪屿遗产保护性再利用设计 …… 156
6.1 创新整合设计——色彩研究展示馆 …… 156
6.1.1 研究范围与基地概况 …… 157
6.1.2 六座典型遗产核心建筑功能要求 …… 158
6.1.2.1 吴氏宗祠 …… 158
6.1.2.2 八卦楼 …… 158
6.1.2.3 原日本领事馆 …… 160
6.1.2.4 原日本领事馆警察署 …… 161
6.1.2.5 海天堂构 42 号 …… 161
6.1.2.6 海天堂构 38 号 …… 162
6.2 六座单体建筑调研资料与分析 …… 162
6.2.1 鼓浪屿色彩景观分析 …… 163
6.2.1.1 鼓浪屿自然色彩景观 …… 163

6.2.1.2 鼓浪屿建筑色彩景观 …… 164
6.2.1.3 闽南传统大厝建筑色彩景观 …… 164
6.2.1.4 洋楼建筑色彩景观 …… 165
6.2.2 吴氏宗祠 …… 165
6.2.2.1 区位分析 …… 165
6.2.2.2 交通分析 …… 166
6.2.2.3 基地分析 …… 166
6.2.2.4 建筑功能现状分析 …… 167
6.2.2.5 建筑材质现状分析 …… 168
6.2.2.6 建筑木结构细部分析 …… 169
6.2.2.7 建筑细部彩画分析 …… 169
6.2.2.8 建筑定位与需求分析 …… 170
6.2.3 八卦楼 …… 171
6.2.3.1 八卦楼建筑风格 …… 171
6.2.3.2 八卦楼历史及功能转型调研分析 …… 171
6.2.4 原日本领事馆 …… 171
6.2.4.1 建筑所处地区的地域性 …… 172
6.2.4.2 建筑所处区位 …… 172
6.2.4.3 建筑历史文脉 …… 173
6.2.4.4 建筑现状 …… 173
6.2.4.5 建筑周边状况 …… 173
6.2.4.6 交通及道路状况 …… 174
6.2.4.7 绿化环境分析 …… 174
6.2.4.8 周边人流活动 …… 174
6.2.5 原日本领事馆警察署 …… 174
6.2.5.1 基地概况 …… 174
6.2.5.2 庭院场地现状 …… 175
6.2.5.3 建筑物现状格局 …… 175
6.2.5.4 建筑物材料 …… 175

6.2.5.5 建筑立面 …… 175
6.2.5.6 建筑使用及业态现状 …… 175
6.2.6 海天堂构侧楼 …… 176
6.2.6.1 历史概况 …… 176
6.2.6.2 基地环境 …… 176
6.2.6.3 现状优势分析 …… 177
6.2.6.4 现状劣势分析 …… 177
6.2.6.5 机遇分析 …… 177
6.2.6.6 潜在风险分析 …… 178
6.2.7 海天堂构主楼 …… 178
6.2.7.1 建筑环境 …… 178
6.2.7.2 物理环境 …… 179

7 鼓浪屿作为遗产地的旅游价值与可持续发展 …… 180
7.1 交叉学科方法 …… 181
7.2 场地、景色和环境 …… 183
7.2.1 硬景观与软景观 …… 184
7.2.2 园林建筑和结构 …… 185
7.3 整体论的方法与展望未来 …… 185
7.3.1 关于建筑保护的专业培训 …… 186
7.3.2 教育大众 …… 187
7.4 城市保护与可持续发展 …… 187
7.4.1 可持续的城市:概念与主题 …… 189
7.4.2 可持续的城市视野 …… 190
7.4.3 城市的文艺复兴 …… 193
7.4.4 保护与可持续发展的巧合 …… 196
7.5 结论与建议 …… 200
7.5.1 世界文化遗产的突出普遍价值 …… 200
7.5.2 建筑与地产之转型为世界文化遗产 …… 207

参考文献 …… 209

1 绪　论

2017 年 5 月 14 日,“一带一路”国际合作高峰论坛在首都北京正式开幕。这是继国家主席习近平 2013 年秋季提出“一带一路”倡议后得到的来自 100 多个国家的强烈响应。以贸易共商、基础设施共建、人员往来文化共享将世界沿着丝路相互联结起来。先辈们扬帆远航闯荡出连接欧亚非的海上丝绸之路,是人类文明的重要载体,和平合作、开放包容的丝路精神,是不可多得的宝贵遗产。在这重要的 21 世纪转型时期,以历史为明镜,以文化遗产作引领,是造福人民千秋万代的不朽伟业。①

“……每个国家、每个民族都有自己的发展历程,应该尊重彼此的选择,加深彼此的了解,以利于共同创造人类更加美好的未来。历史学家在这方面可以并且应该发挥积极作用。……观察历史的中国是观察当代的中国的一个重要角度。不了解中国历史和文化,尤其是不了解近代以来的中国历史和文化,就很难全面把握当代中国的社会状况,很难全面把握当代中国人民的抱负和梦想,很难全面把握中国人民选择的发展道路。中国人民正在为实现中华民族伟大复兴的中国梦而奋斗,需要从历史中汲取智慧,需要博采各国文明之长。欢迎各位专家从对历史的感悟中为我们提供真知灼见。”②

近现代的中国东南沿海城市(包括上海、广州、福州、厦门和宁波等),在建筑形式与城市面貌方面,表现出从“口岸城市”到“民族复兴重镇”的重要转型。如今这些昨日的现代建筑已经转型成为我国重要的文化遗产。以厦门、上海、广州为代表的东南沿海城市,也正经历着再次的重要转型时期。如何保护好这些珍贵的建筑文化遗产?本书以鼓浪屿申报世界遗产中所涉及的对于文化遗产价值概念、理论和实践为典型例证,结合已有的研究基础,③对以鼓浪屿为例的中国近现代城市建

① 《人民日报》(2017 年 5 月 5 日 3 版).

② 新华社济南 2015 年 8 月 23 日“习近平致第二十二届国际历史科学大会的贺信”,新华网,www.xinhuanet.com/world/2015-08/23/C-1116344061.htm.

③ 梅青.中国精致建筑 100:鼓浪屿[M].北京:中国建筑工业出版社,2015.

筑的核心价值进行钩沉梳理，呈现建筑艺术形式背后起主导作用的核心价值。

核心价值概念，出自1994年柯林斯和波拉斯发表的专著《基业长青》。核心价值是一切企业理念、制度、技术的基础。对于核心价值最确切的定义是：组织拥有的区别于其他组织的、不可替代的、最基本最持久的那部分组织特质，是组织赖以生存和发展的根本原因，是一个组织“DNA”中最核心的部分。在社会科学的不同领域，价值理论存在着明显的差异，每一个领域都有自己特有的价值概念体系。

本书旨在重新认识以鼓浪屿为代表的近现代城市建筑及其所体现的核心价值与社会、与文化、与历史的关系。近现代中国城市建筑，总体概括起来是中西方文化交流的结晶。西方建筑技艺的传播对中国的城市建筑产生了巨大的影响，这些技艺与中国的“本土化”相融合，形成一种近现代建筑特有的风貌与价值。以往对近现代城市建筑的价值研究比较欠缺。本书主要针对近现代城市建筑之核心价值进行研究，客观呈现建筑艺术与文化的关系及其所赖以支撑的核心价值体系。

1.1 研究的背景

历史与时代的内涵，赋予鼓浪屿岛屿各个历史阶段基本特征与时代发展趋势。① 习近平总书记2013年10月访问东盟成员国时提出21世纪海上丝绸之路战略构想，既传承和提升了海上丝绸之路沿线各地的历史文化价值，同时也尊重世界发展的普遍性原理，在谋求世界共同发展的前提下，顾及不同地域发展差异，由此形成中国与海上丝绸之路各国相互交融的文化格局中，历史文化遗产地的再度复兴，并与世界分享多元文化带来的遗产地的丰富内涵，形成与世界各国合作共赢的新的海丝文化之路。

经过经年的准备，鼓浪屿2012年正式作为一个遗产实体，经国家文物局更新为中国申报世界文化遗产的预备名单，其遗产价值得到了初步的认识。② 作为具

---

① 国家文物局. 世界遗产公约申报世界文化遗产：中国鼓浪屿[R]. 2014.

② 在国际古迹遗址理事会共享遗产委员会(ICOMOS/SC SBH)的推动下，2012年10月，由国家文物局，中国古迹遗址保护协会(ICOMOS CHINA)以及福建省厦门市鼓浪屿——万石山风景名胜区管理委员会联合在厦门-北京召集了鼓浪屿申遗论证会，由此为鼓浪屿成为预备名单打下了坚实的基础.

有世界遗产可能性的遗产对象，其构成要素与价值特征成为所要考察的核心内容，并需要我们不断深入地研究和思考，从而健全世界遗产价值认识体系。经过深入的价值研究，鼓浪屿终于 2017 年 7 月成为世界文化遗产。

1.1.1 价值在文化遗产保护领域的影响

价值在当代社会中是诸多讨论的话题，在这样一个全球化的时代，对于价值和意义的探索成为一个迫切关注的问题。在文化遗产保护领域，价值成为决定保护什么的关键因素，也即是何种物质产品将代表我们，以及代表我们的过去并传承给未来一代，价值也成为决定如何保护的关键因素。① 即便是对于一个典型保护决策的一个简单考虑，就展现出了很多不同，有时这是不同的价值观在起作用。例如，考虑一座老建筑的艺术和美学价值，以及其所关联的历史价值，再加上与其使用功能捆绑在一起的经济价值，等等。简而言之，价值在保护领域的当下实践以及未来前景中将是一个重要的决定性因素。

价值以及价值判断的过程，在我们试图进入保护领域的努力之中起到非常重要的作用。无论是艺术、建筑还是民族文物，物质文化的产品总是有不同的意义以及为不同个体与群体所使用。价值给予一些物品超出其他物品的重要性，因而将有些物件或场所转变成为"遗产"。保护的终极目的并非是保护物质其本身，而是保存(及形成)由遗产所体现的价值——以物质的干预或处理是朝向这一目标的许多方法之一。②

1.1.2 文化遗产的产生及其社会功能

文化遗产的产生，很大程度上来自人们记忆遗产、组织遗产、回想遗产。蕴含与承载在物品——建筑和景观之中的个人或者是集体的故事，构成了稳定遗产进行文物交易的货币基金。欣赏已经存在的价值和稳定并提供附加值之间的细微差别存在于识别判定某物为遗产这样一个简单行为的干预和解释方面。给某物某地

---

① MASONR, ed. Economics and Heritage Conservation: A Meetiy Organized by the Getty Conservation Institute [R]. Los Angeles, CA: Getty Conservation Institute, 1998/1999.

② 同上. (1bid)

贴上一个遗产标签，是一个价值判断，以使其因此特殊原因而区别于他物与他地，由此而为此物和此地增添了新的意义和价值。在个人、机构或社区决定了某物或某地值得保护，也即是说，某物和某地代表某种值得纪念的东西，某种关乎他们自身，以及他们的过去值得传授给未来一代的时候，遗产保护过程就开始了。

通过将物品捐献给博物馆，或者通过将一座建筑或一处遗址指定为遗产名录，这些个人或社区，无论他们是政客、学者还是什么，都会积极地创造遗产，但是这还只是创造和维护遗产过程的开始。遗产是通过各种方式进行价值评估的，由不同的动机所驱动，包括经济的、政治的、文化的、宗教的(精神的)、美学的和其他许多的方面。每一种都有相应的不同的理想、道德和认识论。这些来自不同方面的价值判断又导引出保护遗产的不同方法。例如，根据历史的文化的价值来保护一座历史房屋，将会令人最大限度地将此地用于通过讲述故事的方式满足其教育的功能。在此情况中的主要受众也许是本地的学生及本地社区人士，他们与这里有联系，而这些故事对于他们的集体认同具有非常重要的贡献。相比之下，保护同一个遗址，以最大限度地提高经济价值可能会导致一种保护方法，有利于收入的产生和旅游交通过程中实施教育和其他文化价值。因此，遗产建筑的部分将被发展用于停车、旅游纪念品以及其他游客支持性的功能，而不是解释和保护这个遗产的历史景观或考古元素，整体的保护策略将是由创造一种公众的市场体验所驱动，而不是创建一个专注于学生为目标受众的教育使用功能。

为了取得文化遗产具有社会功能这一目标，即是说，遗产是对于未来一代人具有意义的并且会令他们受益，有必要检视一下遗产为何以及如何得到价值判断，是由何人赋予的价值。文化意义就是这样的一个词，保护工作者经常用来概述归于物品、建筑或景观的多元价值。

然而这种价值判断的过程既不奇异又不客观，甚至在物品成为“遗产”之前，价值判断就已经开始了。所产生的物质文化或者是一些由社会所继承下来的美学的或实用的片段，通过指定已经被定义或认同为遗产了。这是如何发生的呢?

并没有一种观点可以被看成优于或更适于其他，因为“适宜”是依据社区或者涉及的专业人士，公众及政府层面等的利益共享者们所划定的优先价值，以及这些努力所在的文脉来决定的。狭义的保护定义，被公认为是遵循遗产指定行为的——也即是一个地方或物品已经被认为具有价值之后的一种技术回应。存在一种潜在的信念,即保护性的处理,不应该改变遗产本体的意义,然而,传统的保护实践——即保护遗产本体的物质肌理的实践——事实上积极主动地解释和维护着遗产本体。物质遗产的保护在现代社会中起到重要的作用。对于遗产物与遗产地的收集与关爱,是一种普世情感与跨文化现象,是每一个社会组织使用物件及描述与演示所承载的共同记忆所势在必行之事。然而,对于文化遗产为何对人类与社会的发展至关重要,以及为何保护在文明社会中似乎是一个重要功能,研究甚少。文化遗产的益处已被视为一个信仰问题。

遗产不属于过去,而是属于现在以及更好的未来。人类对世界有多种认知角度和逻辑,并在认知的基础上创造出智慧。根据DIKW模式,学识可以分为四个等级:数据(data)、信息(information)、知识(knowledge)以及智慧(wisdom),不同领域、不同深度的知识反映人类对世界规律的理解,也同样蕴含着人类自身的特性。人类历史上从未如今天这样,所有民族的人拥有同一个"现在"。一个国家的历史事件无论其重要与否对其他国家来说都不是巧合;几乎每个国家都是其他任一国家的即时近邻;每个人都会受到发生在地球另一端的事件的影响。然而,这真实存在的共同"现在"不是建立在共同的"过去"上,并且也不太可能达到同一个"未来"。[①] 这又从一个侧面揭示了快速城市化进程的今天与传统建筑文化遗产的昨天以及面向未来而进行保护的明天之间的种种疑问。因此,如果我们扩展建筑遗产保护的范围至更广泛的建成环境,那么我们必须追问:这些理由也即建筑遗产保护的价值要素究竟是什么?以及它们为何重要?在成为遗产地的过程中,这些遗产要素起到什么作用?正是这个疑问,引出了鼓浪屿的世界文化遗产价值研究讨论。

1.1.3 国际社会对遗产价值的阐述与评估

从里格尔(Riegl)的著述[②],到《布拉宪章》(*Burra Charter*)[③],这些价值已经得

① 安德烈,张寿安,梅青.可持续遗产影响因素理论——遗产评估编制的复合框架研究[J].建筑遗产,2016/4:21-37.

② Riegl, Alois. The Modern Cult of Monuments: Its Character and Its Origin. In Opposition 25: Monument/Monumentality[M]. edited by Kurt Forster. New York: Rizzoli, Fall, 1982.

③ The Burra charter (The Australia ICOMOS Charter for Places of Cultural Significance).

到了有序的分类，诸如美学价值、宗教价值、政治价值、经济价值，等等。通过不同学科、知识领域或使用上的价值分类，保护工作者们（广义地定义）试图抓住许多情绪方面、意义方面以及功能方面在其护理中的相关物质。这种识别和排序的价值用作为一种媒介为关于如何更好保存这些物质或场所的价值进行决策依据。虽然不同的学者和学科的类型各异，然而每种都代表一种还原论的方法，来研究文化意义非常复杂的问题。

每一个保护决策——如何清洗一个物体，如何加固一个结构，使用何种材料，等等——影响着那个物体或地方将如何保存、理解和使用，并且传递给未来。尽管有最小干预原则、可逆性原则以及真实性原则，决定进行一定的保护干预，给予了遗产本体优先权以及某种意义和一系列的价值。例如，在考古遗址的管理决策，可能包含稳定一个结构但通过在底部早期的另一个结构来进行挖掘。每一种决定都影响着参观者如何体验这个遗址，以及他们是如何解释并赋予建筑形式与元素价值的；这些决定同样反映那些负责照顾和保护的人对于建筑形式与元素的解释和赋值。①

在文物保护的领域，遣返的问题也捕捉到这样的竞争价值。例如那些民族志的历史对象经常是存储在博物馆中。这些物件受到保护、储藏、展示以抑制住衰败，这样就可以得到学者们和公众的研究与观赏。这一行动过程以提供关于某种民族文化信息并从其文化本身的外部来理解这种民族文化的方式，捍卫了物品的价值。然而依然有很多人提出应该将物品归还原出土处，这样才能根据其蕴涵的宗教精神信仰而被更好理解。这些观点反映了不同的价值体系：一种是给予物品的使用的优先权，以此作为保护文化传统的方法，另一种是给予其物质形式的优先权。价值同样也向政策决策提供信息。不同文化组群和政治派别具有他们各自因政府政策所准许的相关记忆和信息。增加复杂性的经济价值也许胜过了这些竞争性的文化价值——一些项目值得投资，合乎逻辑，仿佛这些可以在经济上自立一般。这些案例清晰表明个人和社区的价值——无论他们是保护者，人类学家，民族群体，政客还是其他什么——形成了所有保护的层面。而在保护过程中，这些价值正如在物品或场所中所展示的那样，并非仅仅是“保护”而是得到了修正改进。物

---

① Erica Avrami, Randall Mason, Marta de la Torre. Values and Heritage Conservation [R]. Los Angeles: The Getty Conservation Institute, 2000.

品和场所的意义被重新定义了，有时同时又产生了新的价值。这样的洞察力用处何在？以解析的方法，可以根据讲述何种故事就可以理解是何种价值正在起作用。① 所有关于意义的分析，也即是文化意义的分析，因此提供了一种重要的知识来补充那些在物质处理中物质条件的补充和分析。

然而，文化意义的评价在规划保护干预时却常无法进行，即使进行了也经常受限于由考古学家、历史学家或其他专家们的意义陈述的一次性构成。为何文化意义的评价不能更具意义地与保护实践结合为一体呢？正如前面所述，因为大量的信息和研究日程都主要聚焦在物质条件方面，保护教育很少包含培训如何评价复杂的意义和价值，何人将涉及这些评价之中，以及如何就接下来的决策进行磋商协议。依然是技术的层面多于社会层面的努力，保护由此未能吸收重要的来自社会科学的介入。正如前文所提，尽管越来越多的政策涌现出来提倡以价值驱动的保护管理的规划，然而关于保护在社会中如何起作用的知识体系还十分有限，特别是关于文化意义如何能够作为一个公共和持久的保护过程的一部分，而得到评估和重新评估。②

为了保护决策制定的文化意义，决不能纯粹只是一个学术建构了，而是一个在许多珍视物品或场所的专业人士、学术团体以及社区成员这些利益相关者之间的协商议题。由于当今社会的复杂性，很有必要认识到潜在的利益相关者的多样性，其中包括但并不仅局限于个人、家庭、当地社区、学术团体或专业团体、民族或宗教组织、地区的、国家的以及更大而宏观的组织等。在这些利益相关者之间对物质遗产的稳值或贬值的动机各不相同。更广泛的文化条件和动力（诸如市场化、技术进化、文化融合）影响着这些相互作用。

连续性和变化性、参与性、权力性和所有制都在文化被创造和进步的方式中被捆绑起来。文化变化和进化的这些现象的效果在遗产保护领域非常鲜明地显现出来。在这个技术化的时代里，快速的转化经常在连续性和变化性的双重力量方面产生显著的影响，在利益相关者中加剧政治紧张局势。例如，在美国历史保护过程中“郊区化扩张”所凸显的作用，以及随着旅游地与旅游业的全球发展所带来的诱

---

① Erica Avrami, Randall Mason, Marta de la Torre. Values and Heritage Conservation [R]. Los Angeles: The Getty Conservation Institute, 2000.

② 同上. (1bid)

惑与压力,在保护过程中有明显的展现。这一困境可以变得更糟,因为决策者必须在更短的时间框架内采取行动影响遗产,以免当地选民以及未来几代人的利益轻易地从考虑中消失。

在所有的保护决策中,首先要看谁在进行文化遗产的价值维护以及为何维护。政府的估值是一个方面,精英民族团体是另一个方面,他们又与当地民众、学者或生意人士有所不同。要知道何谓最好的文化遗产保护策略,我们需要理解这些团体的每一个都在想些什么,以及这些团体之间的关系怎样。作为保护专业人士而言,最好是达成某种协议,或者理解这些不同的利益相关者们对于一个物品或场所的文化意义的理解,这是通常的做法。理解利益相关者们的价值——即什么决定了他们的目的并驱动其行动——以从私人和公众方面对遗产资源提供长期的策略性的真知灼见。保护,在某种程度是与我们此时此地的社会相关的,我们必须理解价值是如何协商和决定的,分析和架构文化意义的过程如何可以得到增强。超出保护与我们自己时代相关的东西之外,也有一个平行的义务即是保护那些我们相信对将来一代有意义的东西。保护的本质以及保护的前景,就是为将来一代记录下过去的物质记号,将过去以及当下的故事和意义集中溶入到物质遗迹中。文化是流动的、变化的,是一系列过程和价值的演变与进化而不是一系列静止的事情,文化遗产保护必须增强文化固有的流动而非忽视这一不可改变的世代责任。①

1.1.4 我国世界文化遗产价值与评估

在经验的层面,我们需要知道,个人和社区的价值是如何因文化遗产而建立起来的,这些价值又是如何通过文化意义的评价而再现出来的,以及文化意义的概念在保护政策和保护实践中如何更为有效地通过更好的谈判决策而制定并展开的。广泛地说,我们没有任何概念或理论概述,来建模和映射遗产保护所处的经济、文化、政治和其他社会环境的相互作用。

以广泛的保护视角及其所涉及的不同领域活动的起点为出发点,此案例将在

---

① Erica Avrami, Randall Mason, Marta de la Torre. Values and Heritage Conservation [R]. Los Angeles: The Getty Conservation Institute, 2000:10.

保护的社会影响上,提出一个理论以描述(虽然不是预测)遗产是如何创造的,遗产是如何被赋予意义的,以及为什么遗产是有争议的,以及社会如何形成遗产,并由遗产所塑造。案例将概述社会过程的变化,包括共同记忆;民族主义;通过艺术、设计和视觉媒体创造认同感,文化融合及影响和再现文化变化的其他方式,市场动力机制与文化商品化,政策的制定,国家政治与地方政治,等等。没有一个单一的理论将充分解释遗产的创造。事实上,目标不应该是建立一个单一的遗产创作理论,或者认为视觉文化和文化遗产是以一种特殊的方式产生的。非常重要的一点在于,遗产和视觉文化的理论以一种特殊的方式产生,可能意味着有一个特定的和最好的方式来保护它或达到保护决策。否则,研究和专业经验告诉我们,在现实中有许多途径连接社会过程和保护工作。尽管文化相对论的现实存在,但仍然有共生与复发的主题,在遗产创作和保护的过程中,提出了明确的模式,可以通过概念和实证研究相结合予以揭示。因而,确定一些基本的想法和概念,将有助于这样一个框架的发展:确保所有保护工作的社会相关性,应努力整合文化遗产保护各领域相关背景;当我们将遗产保护的各个领域相关联时,我们必须继续认识到,遗产物与遗产地并非因其自身而具有文化遗产的重要性,它们之所以重要,是因为它们有用,而人们给予这些物品使用时附加的意义以及它们所展示的价值,这些意义、使用和价值,必须作为社会文化过程更广泛的领域中的一部分来加以理解;保护应该作为一种社会活动而制定框架,不仅是一种技术框架,由各种社会科学与人文学科的范畴社会过程以及文化和视觉艺术的所有方面所约束和成型。这一框架使得保护领域意识到支持一个文明社会并以平衡的知识结构体进行教育下一代保护专业人士是至关重要的;作为一种社会活动,保护是一个持久的过程,一种达到目的的手段而非目的本身。这种过程是创造性的,是由个人,机构和社团等赋予的价值所驱动和支撑的;遗产的价值是各种各样的,有时是相互矛盾的。这些不同的赋值方法,影响各利益相关者之间谈判由此形成保护决策。保护,作为一个领域和作为一种实践,必须整合这些价值(或文化意义)的评估,在其工作和更有效地促进这样的谈判,以文化遗产保护在公民社会中发挥有效的作用。①

---

① Erica Avrami, Randall Mason, Marta de la Torre. Values and Heritage Conservation [R]. Los Angeles: The Getty Conservation Institute, 2000:11.

1.2 研究的目的和意义

1.2.1 研究的目的

当前,随着跨文化交流的不断深入,文化艺术价值唤起社会觉醒。研究关注如何利用历史建筑及建筑元素服务当下,以核心价值体系来评估近代建筑的嬗变与转型,是适应当下、面向未来的科学之举,是国际建筑界共同探讨的科学课题,是建筑可持续发展的有效途径。

针对近现代城市建筑发展所面临的许多可持续发展考验,核心价值体系的研究与建构,对于社会整体意识的提升十分关键。在社会层面:目前发展模式粗放,资源和能源耗费大,多数企业科技研发投入较低,专利和专有技术拥有数量少;高素质复合型专业人才缺乏;市场主体行为不规范;政府监管有待加强。在专业领域:因对近现代城市建筑核心价值缺乏认识而导致的重新创造方面,设计手法千篇一律,没有新的构思;在设计理念的塑造中,往往复杂难懂,不容易被大众接受,即个人与大众的分离;在施工阶段,往往周期较长,无新的增强效率的工艺技艺;人力物力消耗大。在大众角度:社会整体对于近现代城市建筑价值的欣赏和保护意识比较薄弱,有待提高;大众的价值取向与设计师的价值取向偏离;大众对于近现代建筑设计、维护等工作参与度非常有限;大众不喜欢单纯符号式的建筑,比较倾向简单明了、普通化的建筑。从 20 世纪 80 年代全国范围内近现代建筑结集成册出版各个城市近现代建筑概览开始,中外学界逐步认识中国近现代城市建筑的地位与价值。而建筑历史流变的规律显示,建筑随着时代的变化而发生的嬗变与转型,是必然的趋势。建筑的核心价值与其时代社会价值的关系也密不可分。当下对于近现代建筑转型与发展过程中有许多历史文化与思想意识造成的迷茫,有关核心价值的探讨研究比较缺乏。从维特鲁威始,提出建筑的最基本的坚固、适用、美观三原则,以价值观点看正体现了建筑的科学价值、功能价值及美学价值。实际上是建筑的内在价值,由内在价值则可衍生出外在价值,即我们通常所说的经济价值、历史价值、文化价值等。

1.2.2 研究的意义

因所处地理位置，中国东南沿海城市近现代城市建筑具有举足轻重的地位。伴随经济与社会发展，“现代化”“国际化”及“全球化”突飞猛进，因缺乏系统价值研究，导致城市秩序与建筑价值裂变。研究围绕1890～1930年近代建筑的发生与演化，展现其在功能、形式、造型风格与承载内容等方面因时代、社会所体现的价值，依人们对生存、发展、活动、社会等表现出的对建筑之适用、安全、经济、美观等价值取向，与地域风土、生活习性、历史人文等文化多样性的关联，进行重要性与逻辑上的次序排列与价值分析归纳，建立价值体系，为整体保护与持续发展城市中的近现代建筑，传承与持续发展城市遗产，具有十分重要的现实意义。

核心价值提供了归纳和分析近现代建筑中，从两种/多种价值间寻找动态的核心价值体系。系统区分建筑因地域风土与人文历史所造成的属性和差异，找出属性本质的不同、相似或矛盾对立之处为其主旨；是看待和诠释近代建筑价值的主要方式之一。不仅是对过去建筑演化的回顾，更是将其纳入系统、科学和历史的研究轨道，对其可持续发展的预见。有利于当下客观对待近现代建筑及其城市文脉。

鉴于改革开放以来价值观发生巨变，当下由封闭至开放；由一元至多元；由国家本位至公民本位；由拜物教意识到以人为本的价值观趋势，近现代建筑持续发展与利用成为社会关注点，系统的价值研究，为实践操作作必要的基础准备。故本书在学术方面有着开创性意义，可帮助研究者、城市建设者和建筑师深入了解目前近现代建筑状况，并对东南沿海地区进行实证研究，作为探讨近现代建筑核心价值体系的原型研究，提供案例依据，是这项研究的学术贡献。

1.3 研究的主要内容

本书试图通过器物与其支撑的价值体系建立关联。将鼓浪屿的近现代城市建筑作为物质文化遗产的“器物”，试图研究代表性建筑特征与其演化过程及适应性嬗变转型中与建筑核心价值的关联；地域、人文的历史关联；跨文化交流与建筑内涵与外延价值解析。

建筑的核心价值分为内在价值和外在价值。外在价值如何通过内在价值表现出来是本书研究的重要内容。内在价值和外在价值是相互依存、相互联系的，是辩证统一的，不是孤立存在的。依层次和逻辑关系主要分为科学价值、功能价值、美学价值、经济价值、历史价值、文化价值等。核心价值体系的构建是本课题的重点和难点。

核心价值讨论，实质是围绕建筑三原则而进行的内涵与外延的讨论。也是近现代城市建筑可持续发展的关键所在。有关建筑三原则“坚固”“适用”“美观”，从可持续角度应将其扩展为“结构”“功能”“表现”。

结构：从三个层面看，建筑结构形式多样化，多种结构形式结合来达到建筑的材料节约，例如框架结构和大垮桁架结构体系组合能使建筑空间多元化；建筑结构也是一种美的设计，例如需创造新的建筑结构形式，达到建构的和谐美，也是一种必不可少的可持续发展的策略；建筑材料的推陈出新，即在原有的材料基础上进行改造利用，创造一种新的坚固又环保的原型材料，并将其模数化，规模化用在建筑的结构构造上。这些方法将具有极大的应用价值，这将保护并使现有既存建筑继续生存与增值，并且在这些建筑萎缩之前，使其再生。

功能：从两个层面看，建筑功能的个性化，例如依照规范及任务书等要求设计建筑功能，在此基础上可以考虑人文需求，例如考虑当地气候，人民的生活方式，主动设计一些特别功能；建筑功能的前瞻性及可持续性，建筑功能千篇一律，比如对于一个休息厅的空间，不仅仅是考虑到休息功能，还有茶歇、小型交流等功能，除此之外还考虑到未来还可以兼顾哪些功能。

表现：从两个层面看，在“艺术是时代的艺术”口号盛行年代，传统观念里，常只是将某件工艺品或字画等比作是一件艺术品，并未将实体建筑比成艺术品来讨论，而对于近现代城市建筑而言，在维护和修缮等过程中，除了保证基本外形的原真性以外，应在理性思考的基础上，加上众多艺术元素，进行更多元化的艺术整合，使其成为一类雅俗共享的艺术品，一件形状与色彩完好无损的独立存在物；近现代城市建筑被定义为这一类艺术品以后，并非孤立地存在以体现静态的美，而应该是动静结合的交融美，即与大众的交流，交流是作为艺术的手段，表现在近现代建筑上就是一些原生叙述性元素以及它所派生出来的艺术形式，这何尝不是一类可持续发展的途径？

1.4 研究的基本观点

以价值认识为导向,评价判断为起点,对其形式与结构特征、经济与文化内涵、自然与社会环境各方面条件深入分析,选取鼓浪屿建筑文化遗产作为东南沿海近现代城市建筑遗产的典型代表性案例,进行适应性历史演变规律的转型范例研究。对于近现代建筑核心价值的讨论,实质上是引导对于这批近现代城市建筑的可持续发展得以实现。因为可持续发展的研究仍源于对建筑核心价值的认识,更确切说是建筑核心价值的延续和升华。而外在价值是在建筑本体三原则外影响建筑核心价值的至关重要的直接因素。有关历史、经济及文化价值,从可持续发展的角度,分为这四个方面:(1)近现代城市建筑对当地经济发展产生积极影响,即为建筑所产生的经济价值,例如带动一些旅游经济的发展(从本身的建筑属性出发);(2)近现代建筑对人们物质生活影响;(3)近现代建筑对环境产生影响;(4)近现代建筑对人们精神生活影响,等等。通过鼓浪屿的近现代城市建筑经历的中西文化交融与影响之后的变化,深入分析遗产案例的技术特征、构成原理、营造机理,结合室内家具陈设与装饰、建筑材料与色彩,比较各自核心价值与性质。探索案例在中国近现代的角色、功能定位及价值点。探讨文化遗产物质层面以及非物质层面与核心价值体系的支撑关联。示意如下:

建筑内在价值:科学价值(技术价值)→功能价值(使用价值,社会价值)→美学价值(审美价值,情感价值);建筑外在价值:经济价值(史料价值)→历史价值(政治价值)→文化价值(关联价值)。

1.4.1 科学价值

从建筑的本源出发,根据建筑的梁、柱、板等基本的建造元素排列组合开始,探讨建造的可行性以及建筑的形式;从建筑材料、建造过程、建筑装饰等出发,探讨建筑的优化设计。近现代的科学发展而带来的建筑技术或建筑材料,直接影响建筑耐久性与坚固性,所包含的信息,又与知识和教育价值联在一起。作为近现代城市建筑的遗迹和器物,当时建造、制作的目的是为了人们实用。从布局、形式、用材、装饰等方面都能提供技术借鉴。

1.4.2 功能价值

从人们的工作、休闲、生活方式出发,探讨建筑的内部空间的分隔,交通空间设计、流线设计等,以适应人们的基本使用需求,力求使功能的最大化。建筑物的实用功能,决定居民生活质量。也包含建筑的社会价值,某建筑类型及材料工艺的使用,唤起群体记忆,是集体情感纽带,与事件节庆关联。

1.4.3 美学价值

从使用者和参观者的角度出发,探讨建筑美学的最优方案,使得这类型的建筑符合人们的审美观,给人们提供精神和心灵的愉悦。艺术美感、样式风格、工艺水准,是建筑基本要素之一。

1.4.4 经济价值

从建筑的本身属性出发,探讨不同类型的建筑的社会价值和经济价值。经济政策与经济状况,决定建筑物建造过程中的技术体系及对当时先进建造技术的贡献。近现代建筑技术深具经济价值,绝不是一个纯艺术文化的事,更不是公众怀旧或确立文化标志的需求。实践中的经济条件直接影响使用的技术。

1.4.5 历史价值

从三个层面考虑:(1)建筑本身使用的材料所印刻的历史痕迹;(2)建筑的背景含义,即建筑反映的特定的历史时期的某些历史事件;(3)建筑的纪念意义,即建筑本身就是一个历史故事。建筑或环境,不仅是过去的物质证据,而且参与到特定历史时期和历史事件中。建筑与政治密不可分,政治家们决定历史上哪段时期何种建筑具有政治价值。

1.4.6 文化价值

从建筑的理念、设计的工艺、建筑的技术、建筑的造型、建筑的材料等出发，折射出建筑的文化价值。建筑从生活方式到建造过程中对于材料、工艺和技术的使用，在文化中起到延续传统的作用。建筑图案，也许可用到装饰设计中，与建筑的环境与历史上的事或人产生关联。

1.5 突出普遍价值的概念与讨论

国际古迹遗址理事会(ICOMOS)1964 年发布的《威尼斯宪章》指出，遗产的价值可以用作利益的等价或者对财产的认可，平凡的作品随着时光的流逝可能拥有特殊的价值。为了合理评估遗产价值，联合国教科文组织 1972 年通过的《保护世界文化和自然遗产公约》(以下简称《公约》)中指出，作为世界遗产的遗产地，应当是“从历史、审美、人种学或人类学角度审视具有突出普遍价值的人类工程或自然与人工合成工程以及考古地址的所在”①。

世界遗产委员会所通过的《实施世界遗产公约操作指南》(以下简称《操作指南》)中，提出了“突出普遍价值(OUV)”的明确定义：“突出普遍价值指文化和(或)自然价值之罕见超越了国家界限，对全人类的现在和未来均具有普遍的重大意义。因此，该项遗产的永久性保护对整个国际社会都具有至高的重要性。”世界遗产委员会将这一条规定，作为遗产列入《世界遗产名录》的评估标准，[3] 用于评估遗产所蕴含的、最具代表性的文化和(或)自然价值。如一处遗产地被评定为“世界遗产”的关键条件，就是要具备对于人类的现在和未来都具有非常重要的普遍价值。符合世界遗产委员会特定的价值标准，同时通过比较研究，证明它在与世界范围内同样符合相应标准的其他遗产地相比，具有突出和不可替代的地位。《操作指南》所规定的世界遗产的价值标准，如表 1-1。

① 《保护世界文化与自然遗产公约》，http://whc.unesco.org/en/guidelines 1927 年. http://www.unesco.org/whc/world_he.htm.

表 1-1　世界遗产 OUV 价值标准

编号	标准描述
(ⅰ)	人类创造精神的杰作
(ⅱ)	在世界某个历史时期或文化区域内人类价值观的重要交流，对建筑、技术、古迹艺术、城镇规划或景观设计的发展产生重大影响
(ⅲ)	能为延续至今或业已消逝的文明或文化传统提供独特的或至少是特殊的见证
(ⅳ)	表现人类重要历史阶段里的一种建筑形式、建筑或技术整体及其景观的杰出范例
(ⅴ)	是传统人类聚居地、土地利用或海洋开发的杰出范例，代表一种(或几种)文化或人类与环境之间的相互作用，特别当其受到不可逆变化的影响变得脆弱的时候
(ⅵ)	与具有突出普遍意义的事件或生活传统、观念或信仰、艺术或文学作品有直接或实质性有形的联系(本条标准最好与其他标准一起使用)
(ⅶ)	极致的自然现象或具有罕见自然美和美学价值的地区
(ⅷ)	地球演化史中重要阶段的杰出范例，包括生命记录和地貌演变中的重要地质发展进程，或显著的地质或地貌特征
(ⅸ)	突出代表了陆地、淡水、海岸和海洋生态系统及动植物群落演变和发展的生态和生理过程
(ⅹ)	包含生物多样性原地保护的最重要、最有意义的自然栖息地，包括从科学或保护视角来看具有突出普遍价值的濒危物种栖息地

突出普遍价值(OUV)的若干条标准，自 1972 年至今，经历了多次修订，其中的第六条评价标准，作为其中非常特殊的一条，具有一定的代表性。主要强调与遗产实体相关的非物质要素的价值对于人类文明的发展和见证具有非常大的意义。遗产地本身作为非物质价值的载体，通过对其进行提名和保护，可以达到保存与其关联的非物质要素的目的。由于这条标准着眼于遗产本体中所蕴含的观念和人文活动，不可避免地使其成了颇具特别性的标准，常常涉及各国家和民族认同层面的复杂问题，因此是世界遗产发展过程中备受关注的一条标准，修订非常频繁。其中原因包括有文件质疑凭借标准六，尤其是与某一国家和文明的历史事件和人物相关的遗产提名，强烈地受到了民族主义和特殊主义的影响，不符合《公约》的要求，一个提名地仅仅从国家视角考虑其遗产价值是不充分的，需要在国际层面上考虑其“突出普遍价值”的代表意义，而非容易引发争议的“突出历史意义”。1980 年改版的《操作指南》中，将“历史”改为“普遍”，旨在引导缔约国将关注点从遗产对国家的民族重要性，转移到其在世界范围内价值的普世性；强调了非物质价值载体的明

确性以及关联程度的紧密性。之后在1994年版的《操作指南》中的标准六，提出了文化景观的设立：它强调人与自然之间的相互作用关系，改善了历史局限下自然遗产与文化遗产长期割裂的状况，成为世界遗产的里程碑。世界遗产文化景观分为3个类别，其中第三类关联性文化景观的价值体现为宗教、艺术或文化等非物质人文要素与自然之间紧密联系并相互塑造。其中将“与具突出普遍意义的事件、观念和信仰存在直接或实质的联系”改为“与具突出普遍意义的事件、活的传统、观念、信仰、艺术和文学作品存在直接或实质的联系”。①②

曾任英国国际古迹遗址理事会(ICOMOS)前主席的贝纳德·费尔登(Bernard M. Feilden)，提出了历史建筑的情感价值问题。“简言之，历史建筑就是一个能给予我们惊奇感并令我们想去了解更多有关创造它的人们与文化的建筑物。它具有建筑艺术的、美学的、历史的、纪录性的、考古学的、经济的、社会的，甚至政治的、精神的或象征性的价值，但历史建筑最初给我们的冲击总是情感上的，因为它是我们文化认同感和连续性的象征——我们遗产的一部分。”③

更具体而言，情感价值，其内涵包括：“(1)惊奇；(2)认同感；(3)延续性；(4)精神和象征价值。”贝纳德·费尔登没有单列社会价值，他认为社会价值主要包括情感价值，同时与对一个地方或一个群体的归属感相关。而《中国保护准则》将社会价值单列为一项。但无论是作为与艺术价值关联的情感价值，还是作为与社会价值关联的情感价值，都说明了这样一个事实：文化遗产带给人们认同感的主要源头来自情感价值。就建筑遗产而论，主要表现为建筑对人情感的影响，即“古建筑及古建筑群从整体有益于人的心理、呼应于人的情感作用标准”。④

众所周知，评价建筑遗产的价值，不仅看它的物质功能，而且在很大程度上要看它所表现的思想性与艺术效果。由于建筑的物质性相对而言一般具有客观的评价标准，而建筑的社会性或艺术性，往往很难有统一的看法，它涉及如何认识建筑价值观的问题。要解决这一难题，必须首先从建筑理论上加以认识。用不同的理论来衡量建筑遗产，就会得出不同的价值标准。然而，这并不等于说建筑的社会性

---

① 史晨暄.“世界遗产突出的普遍价值”评价标准的演变[D].清华大学博士论文，2008.

② 史晨暄.世界遗产四十年：文化遗产“突出普遍价值”评价标准的演变[M].北京：科学出版社，2015.

③ Feilden, Bernard M. Conservation of Historic Buildings[M]. Boston: Butterworth Scientific, 2004.

④ 同上.

或艺术性就没有标准,不过它是相对的标准,是在特定条件下的标准,是某种文化意识形态和建筑理论的标准。只有这样来理解和评价建筑遗产,才是比较客观的态度,辩证地思考。对建筑物质性的评价,具有“显”形的标准,而对于社会性艺术性及文化性等的价值判断,则是“隐”形价值观的体现。多元的时代必然导致多元建筑遗产理论的出现。建筑文化遗产呈现出多重性、多元化的价值要素,尤其是当代国际遗产界对遗产价值认识已有了多方面扩展,则是不争的事实。

在申遗专家与研究者的被动接受与主动面对过程中,鼓浪屿的内涵逐渐被揭示,并与世界遗产标准产生某些契合。充分利用鼓浪屿丰富而系统的历史文献资料,深入揭示其固有的“突出普遍价值”,是本研究的内容。

1.5.1 鼓浪屿的突出普遍价值

对照世界遗产“突出普遍价值(OUV)”评估标准的描述,鼓浪屿的遗产价值,可以归纳出许许多多。鼓浪屿因其深厚的历史文化底蕴与秀丽的自然环境,以及依然不断有机演进的多元文化元素,2008年,启动申遗工作。2012年,被列入世界文化遗产中国预备名单。2015年,国家文物局发出函告,原则同意推荐作为我国2017年申报世界文化遗产项目。并于2017年7月8日经过联合国教科文组织世界遗产委员会投票表决通过,成为中国第52处世界遗产。除了申遗专家与学者外,一般民众对鼓浪屿遗产的价值认识还比较肤浅。为此,我们必须充分利用鼓浪屿丰富而系统的历史文献资料,重新还原鼓浪屿文化建构的历史过程,进而达到对鼓浪屿进行整体的、本质的描述。

针对作为中国近代城市建筑特殊典范的鼓浪屿,究竟有哪些潜在价值及其涵盖的文化内容值得更为深层的探讨呢?在以OUV为蓝本的基础上,将从鼓浪屿上的遗产建筑在形式设计、材料质地、使用功能、传统工艺、位置环境以及精神情感等六个方面,对遗产地在生态价值、建筑价值、艺术价值、历史价值、社会价值、科学价值、技术价值、城市景观价值、关联价值、年代稀有价值、文化价值、经济价值、教育价值、情感价值、景观价值、政治价值、公共价值、宗教精神价值、象征价值等若干层面,展开研究与探讨。

1.5.1.1 鼓浪屿艺术的“普世性”

海洋大探索伊始,殖民地风格的建筑应该说就已经开始出现了。所谓殖民建筑,狭义上说,是一种从殖民者的祖国,传到遥远的新居住地并且被纳入当地建筑与居住地风格的一种建筑风格;广义上看,它是在新世界的一种新设计风格。殖民者们将自己祖国的原初建筑风格与新的所在地建筑设计合成融合而成为"混血儿",一般外观美丽并具有文化与气候适应性的设计。随着15世纪葡萄牙海上探险家瓦斯科·达伽玛(Vasco da Gama)从欧洲始发,绕过非洲好望角到达印度,外廊建筑在整个印度非常流行。直到19世纪,这种原型被英国殖民者在东南亚国家,以及沿中国东南沿海的许多半殖民城市应用。外廊式建筑因其建筑形式所带来的半开敞式的新生活方式,而在中国的华南与东南沿海,尤其是华侨祖居之地的侨乡十分常见,成为独树一帜的类型。①

从气候因素探讨外廊式建筑的功能,外廊是半室外吃饭休息、喝茶聊天、看书下棋的生活空间,以适应于亚热带潮湿气候下的生活。英国殖民过程中,将此建筑形式与环境关系系统化,而装饰的外廊令人感觉十分舒适。宽敞的外廊,用来调节不适宜生活的气候影响,使内部空间免于烈日和暴雨。二层外廊,则提供一个得到保护并与外部共生的生活空间,其重要性,明显在于建筑适应风向的配件之存在,例如护壁板、栏杆、内部空间的配置用于各式各样门窗开向外廊,调节水平通风与空气流动。许多适应气候与季节变换的房屋特征,例如悬挂的帘子和百叶,在炎热的夏季,当外廊变为室外居住空间时,可放下来遮挡外界干扰,隐居独处并防止昆虫叮咬。在外廊中,运用百叶窗帘,作为最原始的调节进入建筑内温度与内部小气候的权宜之计。因而会有适应当地因素而呈现的不同形式,在建筑技术方面均有适应性改变。

从文化因素探讨外廊式建筑的存在,与本地民间共生与适应,并随着使用人或建造者生活习性、习惯、约定俗成及经验与记忆,而在异国他乡进行再创造与再建造。殖民地各处都有外廊式建筑,表现出一种建筑文化的传播,但只在空间的尺度上有别,是社会的政治经济与生活环境方面的因素使然。在每一处的地域环境条件决定下,各自采用适应性原则,不仅仅是历史源流或传播关系,还有共生的因素在起作用,故而绝大多数的外廊式建筑并非千篇一律的造型形式与风格,但属于同一种建筑类型。

---

① Mei Qing. Houses and Settlement: Returned Overseas Chinese Architecture in Xiamen, 1890s—1930s[D]. UMI. Michigan, USA. 2004.

从生态适应性与文化适应性双重视野来看,遍布鼓浪屿的典型开敞外廊式建筑或封闭围合的内廊式建筑,透现出了强烈的地方文化环境与自然生态环境下,建筑形式的适应性特点,以及使用者的生存智慧。

"海上花园"鼓浪屿,有大量有形与无形的丰富的文化遗产有待发现。它是欧洲的建筑艺术与文化在亚洲的中国传统文脉环境中活的标本,也是中国澳门自16世纪开埠以来与之媲美的如诗如画的生活栖居地。对于处在亚洲的鼓浪屿来说,葡萄牙、西班牙、荷兰、英国以及后来的法国、丹麦、德国等国家,是将岛屿与欧洲以海洋和文化联结起来的桥梁;虽然这些欧洲国家对亚洲的其他地方殖民统治的时间更长,影响更为深远。

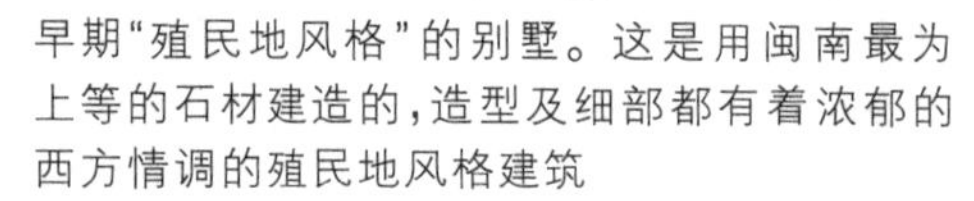

早期"殖民地风格"的别墅。这是用闽南最为上等的石材建造的,造型及细部都有着浓郁的西方情调的殖民地风格建筑

早期"殖民地风格"的别墅。早期殖民者们兴建代表各自风格的建筑,为适应鼓浪屿的人文气候以求发展,遂设计建造各类型建筑,使鼓浪屿较早打破闽南地方传统建筑风格而产生新的类型和新的风格——殖民地风格(摄影,梅青,1987年夏)

观彩楼(绘制,梅青,1993 年)

1.5.1.2　鼓浪屿中西合璧的建筑艺术

外国殖民者建造了大量以享受自然为主的外廊式建筑。这种类型,改变了以往自然进入建筑内部的方式,令人们贴近自然并易于获得第一手关于自然的体验与认识。营造了可以预料四季气候变化并适应季节气温变化的建筑,发展出了可以经营建筑内在功能与气候敏感性的建筑体系,弹性灵活地调节外部气候环境对建筑内部环境的影响。在外廊式建筑中,建筑本身就是一个循环与舒适的系统。这些建筑的设计和建造,依赖于某些自然材料。建筑的总体形式,因借自然地形地势、气候风水。建筑的内部空间,具有水平与垂直联系。许多建筑特征,既是民间匠艺与美学的表达,同时也是一种调节室内舒适度的功能构件与元素,例如,构成建筑典型特征的门、窗、廊,自然材料建成的屋顶、屋身与屋基;例如,构成建筑细部特征的百叶、遮阳等,这些元素,既将外部自然引入建筑内部,同时也起到调节外部对内部气候影响的作用,将适宜的外部因素变为现实。例如,吹拂的微风,用于空气流通循环与建筑内的舒适性。

然而,这些建筑的出现,多是为其自身服务的建筑,外国殖民者的城市叙事体系与话语象征符号,其能指依然是他们个人或外国殖民组群的利益的喜好。他们并没有为鼓浪屿公共性的环境、交通、房屋等作具体的规划与建设。20 世纪初的鼓浪屿依然是建筑零乱、道路不畅、基础设施欠缺的小岛。①

1.5.2 鼓浪屿遗产的历史价值

鼓浪屿是浮现于碧波之上方圆 2 平方公里的著名“圆洲仔”小岛。礁石铭刻着历史的印记,远至宋末元初,也只是有渔民居住于岛上。原只是位于中国福建省南端的一处海湾地带一个港市厦门西南的平凡小岛,它有自己的居民,有成型的村落,还有明末清初郑成功驻兵的遗迹。1842 年签订的《南京条约》,将厦门设为条约口岸,其后的几十年间,各国领事和洋行商人在鼓浪屿上建造办公用房与居所,因其独特的建筑艺术与优美的居留地环境而颇具盛名,并为世人所称羡。1903 年公共租界的设立,独特的治辖环境,吸引了大批富裕的华侨,兴建了近代化的新式住宅与公共设施,形成了有别于历史旧城镇的近代化新社区。②

在日光岩俯瞰鼓浪屿岛。远处为厦门市,其间相隔的海峡为鹭江。这是较早开发、定型的区域。视野中的高高的红色穹隆顶,成为鼓浪屿的标志。蓝天、白云、碧海,烘托着美丽的小岛。在浓荫绿树中,红色的建筑点缀格外耀眼

---

① 梅青.鼓浪屿近代建筑的文脉[J].华中建筑,1998(03).

② 国家文物局.世界遗产公约申报世界文化遗产:中国鼓浪屿[R].2014.03.

对于鼓浪屿历史价值的再追寻，就其学术架构的历史地理范畴而言，鼓浪屿在中国的海疆史研究中具有重要的历史价值。无论是鼓浪屿的人文特征，还是其人文形态。围绕鼓浪屿构筑相关历史时期的海疆范畴与其历史价值均构成为中国明清时期海疆史学术体系中不可或缺的核心环节。

从中国海疆史研究的视野而言，鼓浪屿的自然地理范畴应包括海岸线、海岛和海域。1982 年通过的《联合国海洋公约》第 121(1)条规定："岛屿是四面环水并在高潮时高于水面的自然形成的陆地区域。"①鼓浪屿岛的历史价值，来自其人文形态，与其相邻的闽南金三角陆地人文形态具有不同点，又有相似处。集中表现在物质遗存和文化遗存两个方面。其历史的叙述多散见于地方文献资料与历史资料中，经过了历史学者或地方史学者的解释而呈现在各类二手书籍中。

然而其在中国的历史古籍文献的描述中究竟是怎样的？带着这个问题，通过对现存国家图书馆古籍文献馆藏资料检索，发现在现有的电子版古籍文献中，录入"鼓浪屿"竟然自动生成近千条的原始数据——关于中国古籍文献中对于鼓浪屿的有关论述以及背景资料。由此一手数据资料，运用考据方法，对古籍文献中出现的鼓浪屿及其语义进行研究、考核、辩证，以期确凿有据地建构鼓浪屿在中国历史中的历史剪影与民族之根，并呈现出所具有的历史价值。

鼓浪屿岛上较密集的建筑群

---

① 张海文等.《联合国海洋法公约》图解[M].北京：法律出版社，2010.

据国家古籍文献资料馆藏电子版，以鼓浪屿为关键词的古籍文献现在已经收集到的有 173 篇，其中史书类 84 篇，占 48.6%，位居首位。[①] 诗集/文集类 26 篇，占 15%，位居第二。[②] 专著类 20 篇，占 11.6%，位居第三。[③] 战事 14 篇，占 8%，位居第四。[④] 地方志文献 11 篇，占 6%，居第五。[⑤] 传记类 10 篇，占 5.8%，居第六。[⑥] 杂文 4 篇，游记 4 篇，各占 2%，并列位居第七。[⑦] 关于鼓浪屿的文献，是鼓浪屿的历史素材，我们可以通过对文献的区分、组合，寻找其合理性，建立其关联性，从而对鼓浪屿做出整体的、本质的描述，揭示其真正的"突出普遍价值"。以上文献，主要研究的是鼓浪屿及其历史、军事、物质载体，如摩崖石刻、寺庙。根据突出普遍价值与遗产本体所具有的五个价值学说(历史，科学，美学，社会，文化)为学科背景与理论基础，探寻鼓浪屿被推荐为世界遗产的真正原因，进一步揭示鼓浪屿有别于其他同类型遗产地所具有的"突出普遍价值"。基于此，本书首先梳理了鼓浪屿从清末至现代百多年的简史，对鼓浪屿在时空上的相互演替做了总结，由此辨明我们究竟应该如何揭示鼓浪屿的时代意义？如何揭示遗产地与景观之间的关联性？如何揭示现存景观与那些遗失景观之间的联系？

福柯在《知识考古学》序言中，对"历史遗迹与文献"的关系作了深刻的分析，对我们颇有启迪意义。他认为：就传统形式而言，历史从事于"记录"过去的重大遗迹，把它们转变为文献，并使这些印迹说话，而这些印迹本身常常是吐露不出任何东西的……在今天，历史则将文献转变成重大的遗迹，并且在那些人们曾辨别前人遗留印迹的地方，在人们试图辨认这些印迹曾经是什么样的地方，历史便展示出大量的素材以供人们区分、组合、寻找合理性、建立联系，构成整体。……历史只有重建某一历史话语——对历史重大遗迹作本质的描述——才具有意义。

---

① 参书后参考文献.
② 参书后参考文献.
③ 参书后参考文献.
④ 参书后参考文献.
⑤ 参书后参考文献.
⑥ 参书后参考文献.
⑦ 参书后参考文献.

1.5.3 鼓浪屿遗产的使用价值

建筑除了满足基本功能需求外,样式风格,具有非常特别的规划布局与设计,结合或代表某种风格,内部壁画装饰,原建筑材料依然清晰可见,且状态良好,具有建筑美感。形式随从使用功能的时代特殊表达方式,且是该类型的建筑的典型表达,工艺水准,建筑已经被当作“艺术品”,表现了建造的技巧,建筑物坐落何处,与功能相关的它对于环境的视觉影响。建筑物在文脉中的美,旨在愉悦生活者以及来访者。这些都证明着历史建筑的功能价值;建筑设计样式是财富的表达,再利用可以保护资产价值,在带动旅游同时也使资产增值,代表了具有经济价值的历史建筑存在的合理性;代表建筑或规模建造过程,使用某种尺度的建筑材料,用于室内设施,有生命的建筑是环境发展及生活与服务设施间关系的一种表现,是社区进行的社会交往的一部分,建筑表现了使用某种工艺和技术的小规模的建造过程,建筑位置在环境发展中具有战略性地位,对当地社区而言,常作为正在进行的社会交往的一部分,建筑承载的群体记忆与集体认同,是公众情感纽带,常与事件或节庆发生关联,因而具有社会的价值;建筑样式作为政治符号,材料使用作为权力的表示,与政治密不可分,为政治家们服务,权力决定使用何种传统工艺,政治决定建筑在环境中地位,历史上哪段时期何种建筑具有价值,完全体现了政治作用之下的政治价值。

1.5.4 鼓浪屿遗产的文化价值

建筑如石头史书,具有记录与纪实作用,建筑的设计对于过去一个时期各个方面提供信息;方法与材料,工艺和技术的使用,在文化传统中继续起作用,而具有历史价值,一些建筑图案,也许可以用到其他装饰设计中。

因为是地区或类型很少的遗迹之一,或孤例,无可替代的物质证据,原建筑材料来自不同地区,表现使用古老方式且不再生产这种材料,建筑曾经是区域体系之一部分,是该地较少几个幸存案例之一,其年代久远,是独一无二百里挑一,稀有建筑材料决定其各自独特的风貌特征,某种区域之内某种特殊功能,使用地方材料制造工艺或建筑技艺,建筑使该处环境与别处不同而具有稀缺性,极具考古价值。

美学的象征性,反映生活方式及建造过程,建筑是其时使用制度的一部分,并且表现了各功能在其时如何运作。一些技艺用来实施,作品表现了一个时期的建造实践,设计及比例尺度等的示范性品质,建筑物对每日生活质量具有贡献,因而具有建筑价值。

建筑设计与形式顺应自然气候环境,就地取材尊重顺应自然并保护自然环境,从以自然为中心到以人为中心转为人与自然和谐共处功能定位,绿色传统制造工艺与技术,例如生土材料,竹藤工艺,与自然和谐共存、协同发展天人合一、道法自然,对天人关系认知、感悟和道法自然精神境界的实现,建筑用于处理与文化景观关系,参与一个特定的历史时期历史事件之中的实证,组成城镇景观一部分。建筑并非孤立于所处的环境,一组建筑、街道,或城市设计构成整个景观的一个有机部分,材料与景观形成视觉的连续,建筑是重要的导视系统,工艺构成人造传统景观,建筑成为环境中一个不可分割的组成部分,景观形成整体的情感记忆,一组建筑的价值超越其个体建筑而构成地景以及生态价值。

原形式、类型及原型演化等实物的留存,可作为类型或特殊结构研究素材,对遗产兴趣者可以考证建筑所用材料和技术痕迹,材料包含某时期建造过程所包含信息的科学性,原匠艺与空间,代表技术发展与其形状密切关系之科学痕迹,建筑技术信息提供科学研究参考,以往技术和工艺的可能性,木工技术,木雕砖雕技术,具有科学信息,该建筑位置关乎其使用及技术发展信息,借此进行科学调查,设计与样式可以作为范本教育资源,建造复制品,可以用作为教育工具来使用。科学价值与教育价值是联系在一起的,可对从儿童到老年各色人等的大众性的终身培训。

鼓浪屿历史建筑遗产持续至今的关键作用是其文化价值。所谓遗产建筑的文化价值,就形式设计而论,设计对于过去一个时期各个方面提供信息;在材料质地方面,材料在当下文化传统中,继续起到作用;就使用功能而言,有些建筑图案,也许可以用到其他装饰设计中;就传统工艺而言,工艺和技术的使用,在当下文化传统中继续起到作用;就精神情感而论,反映了生活方式及建造过程。

鼓浪屿是朦胧诗诞生之地,同时,鼓浪屿丰富的物质与非物质文化遗产,促生了岛上许多的历史建筑再利用为博物馆。当下,遗产自然生成博物馆的实践,已经无处不在地改造着当地的社会、经济和文化生活，并且塑造着当地人的认同感。例如鼓浪屿八卦楼，作为历史遗存建筑又是鼓浪屿地标性建筑，本身折射了社会变革和历史事件以及鼓浪屿本土文化，从这个层面上说，该建筑极其具有文化价值。正是基于这一属性，该遗产建筑，一直从私人公馆转变为公共的厦门博物馆，而今再度华丽转身为鼓浪屿的风琴博物馆而对全社会开放，是国内仅有的以风琴为主题的博物馆，对于风琴艺术品和工艺的传播有着一定的作用。吴氏宗祠，则承载着闽南的地方匠艺。正如世所公认的，闽南民居营造技艺发源于福建泉州，始于唐五代，是闽南地区古建筑技艺的代表。2009 年，该营造技艺作为“中国传统木结构营造技艺”之一，入选人类非物质文化遗产代表作名录。但随着时代的发展和人们居住观念的改变，现代建筑正严重地挤压着传统木结构建筑以及相应的营造技艺的生存空间。吴氏宗祠改造再利用为福建漆画工艺博物馆，响应了遗产和博物馆的热潮，正日益挑战代表本土文化走向外面世界的方式，同时，保护和保存本地的本土文化价值，紧扣政府自上而下的遗产政策与操作方法，声明拥有自己的文化传统的鼓浪屿，时下正以遗产与博物馆旅游带动消费。

再如原来的日本领事馆建筑群，因原建筑功能以办公和暴力管制为主，在文化的和平保存、交流与传播层面，可视为呈缺省状态。拟进行引入瓷器文化和工艺作为常驻展示主题的遗产建筑利用，这不仅是一次具有传承、推广和发扬意义的文化价值的更新性植入。展示活动与学术交流活动本身作为文化活动，在场地上发生，由场地承载，与场地密切结合。借此，历史建筑被纳入文化传播体系，能够将鼓浪屿岛上的非物质人文氛围自外环境渗透到物质的建筑中，从而重塑建筑本身的文化价值。虽然这作为交互式实践，涉及不同的利益冲突与广泛的利益相关者之间的关系。在此过程中，鼓浪屿的日本领事馆建筑被重新赋予了新的认同感。

伴随着贸易必然产生文化交流，而为该地创造出独特的人文底蕴与文化价值。一座住宅的风格，一个家庭的气氛，无不体现着主人的品格。最初对于装饰风格的选定，是与个人的文化修养有很大关系的，同时，也是他的身份、地位及当时的社会流俗与时尚的间接反映。风雨的侵蚀，日月的积累，使住宅的内与外都会不自觉地产生出一种氛围，而这种氛围的产生，当然有它的自然因素，然而更为重要的是人文因素的渗透。

例如吴氏宗祠的核心价值，突出表现在其文化价值上。建筑可以归为其突出的闽南文化代表价值。宗祠建筑本身承载了闽南传统建筑文化;宗祠的社会地位也承载了闽南传统生活的记忆与闽南祭祀文化记忆。

鼓浪屿住宅在外观上给人以开朗、明快的感觉。除了因造型及色彩的关系外,还有一个十分重要的原因在于建筑的标志象征。一些标志性的建筑物,例如教堂、影剧院、公共建筑;另外一些标志性的建筑物,例如名人故居,难记其数。这些凡尘建筑却如教堂般得到朝圣般的瞻仰,这无疑是华人的另一种生活中的信仰,一种偶像崇拜。从名人故居,到公共建筑,到教堂,人们的情感与行为,受到了心理映射的指引与信念和希望的召唤。然而,视觉依然需要有所停靠,由此我们在关注标志性建筑物的同时,更需要关注细部的标志与象征。

首先,鼓浪屿建筑的窗与门,在每座建筑中都体现为数量多,有些在墙面上是零落的,有些是连接的,有些是集群的,有些是图式化的。门窗大多做工精致而考究,十分符合人的细部尺度。这些细部,都可以看出主人与工匠们情感的投入。因此反映出建筑的情趣,并通过象征符号表达出与外部环境的对话:积极的、安全的、美丽的。外廊、天台和阳台的细部及尺度,都是从人的角度来考虑和设计的。一个住宅的外观,有了细部,尤其是合于人体尺度的细部,给人亲近的感觉。

门,在中国人的传统观念中,有着特殊的含义。它不仅有界定空间和领域的物质功能,同时,它也是实现内外交流的场所与某种象征,带给人心理暗示。鼓浪屿人,把建筑中的门,做了格外的重点处理,甚至将其发展到了极致。

一种是建筑自身的大门,即房子的正门,它是由外到内心境转换的中介。要感知一个家庭,一进门的感觉往往形成最终的印象。鼓浪屿住宅的正门,大多用最为上等的柚木,木质细腻而坚韧,便于精致地雕刻,同时,也给人以庄重感。门外墙壁围绕一圈门套,用上等石材雕刻。门上方有门楣,一些家庭在门两侧及上部刻字或悬挂对联、横幅,以体现住宅主人的品位、身份、姓氏和地位。

另一种做法,将门脱离建筑物单独设置,亦称门楼。门楼常结合庭院、围墙,组成一道新的风景。而门楼的设置,往往比建筑物本身更为重要,其朝向的准确与否,常常被理解为带来吉凶的预兆。风水朝向,也常常由门楼来决定。若门楼的定向准了,建筑物本身倒是可以有适当的偏离的。鉴于此,很多门楼的建造,其精致程度,甚至超过建筑本身。它是身份、地位、财富的象征。随处可见的是,鼓浪屿住宅的门楼,一家比一家大,一家比一家堂皇。住宅前不设门楼的情形倒是很少见的。

鼓浪屿遗产建筑的门及门楼

这些门楼,一般用砖石砌成,宛如一座小建筑。细部刻画得很精致。中间多为铁制带有卷曲植物图案的两扇门扇,与西洋的花园住宅风格十分接近。透过院门内望,庭院深深,只闻琴瑟,好不惬意。与门楼紧连的围墙,有些是砖石拼接组砌的,并且富有韵律地留出空隙或漏窗。隐约之中,透着院中的勃勃生机。

鼓浪屿中式府邸的门楼及洋房建筑的门楣

一般的住宅,外部重点装饰部位为山花、檐口、柱头、柱身、柱础、门楣、窗楣,较大一些的宅第，还有室外平台、楼梯栏杆及扶手，此外，庭院小品也是装饰内容。日积月累的经验，使本地匠人能驾轻就熟地掌握和运用各种材料，并在具体操作中发展成了一定的套路和模式。在装饰图案的选择上，最为常见的是植物母题。有些是具象的植物造型，有些是抽象的植物图案。这些图案，反复在柱头、门楣、窗楣、山花等部位出现。也许是四季如春的气候，滋润着四季常青的植物，给人们留下永恒的自然印记的缘故吧。这些常年茂盛的植物，象征着吉祥、和谐、昌盛、永恒，几乎成了鼓浪屿的图腾。鼓浪屿人得到这一美丽自然的庇护，在建筑装饰点缀中，给予了尽情的表达。此外，也有很多鹰的造型及其他形式的造型，以浮雕的形式，装饰在显眼的部位，似乎是一种象征。这种装饰，究竟意味着什么，是舶来的，还是本土的，还是一个谜。在此所讨论的遗产建筑的文化价值，就建筑设计方面而论，是重在揭示设计对于过去一个时期各个方面提供信息。

鼓浪屿的普通居民楼的门楼

前面已经谈到，鼓浪屿住宅的门，是建筑营造中格外重视的因素，这里不再赘述。至于住宅的窗，一般来说以矩形为多，洞口开得平直、方正，窗口比闽南传统民居大很多。窗户的外框也是矩形，多用条石围合成窗套。窗楣上部有雕刻，窗台下部有造型及线脚，有时用砖砌，再用水刷石或水泥抹面。窗棂、窗扇多为木制。一座宅子的窗户制作是否考究，也向人们暗示着某种东西。

鼓浪屿的普通居民楼的窗与外廊

1.5.5 鼓浪屿遗产的情感价值

包含建筑本身的新奇样式令人感动，产生奇妙感觉；使用建筑的人，会被建筑空间艺术所融化，从而在情感上，建筑与人相互之间或许有所附属，产生相互的身份认同；参观建筑的人会被空间艺术的连续性所感动；建筑工艺艺术成就具有精神意义；建筑设计与样式，成为象征符号，具有象征意义。或者因纪念历史某个时期的事件，随时间推移，建筑或场所具有象征意义。①

根据国家文物局与美国盖蒂保护所、澳大利亚遗产委员会 2014 年年底修订编制的《中国文物古迹保护准则》，可以包含有五大价值说：历史价值、艺术价值、科学价值、社会价值和文化价值。② 随着时代变迁，对遗产价值的强调各有侧重。建筑遗产，指具有一定价值的有形的、不可移动的文化遗产，不仅包括历史建筑物和建筑群，也包括历史街区和历史文化风貌区等能够集中体现特定文化或历史事件的城市或乡村环境。

情感价值就形式设计而言，建筑本身的新奇样式令人感动；就使用功能而言，主要指使用建筑的人会被建筑空间艺术所感动；就传统工艺而言，建筑工艺艺术成就令人感动；就位置环境而言，在情感上建筑或许有所附属；就精神情感而言，参观

---

① Cody, Jeffrey; Fong Kecia eds. Built Environment[M]. Vol. 33, No. 3. Alexandrine Press, 2007.

② 国家文物局. 中国文物古迹保护准则，2015 年，www. sach. gov. cn/art/2015/5/28.

建筑的人会被空间艺术所感动。

鼓浪屿堪称中国最美之雅憩所在。岛上有过民族英雄郑成功的足迹，有过弘一法师李叔同的足迹，有过华侨领袖陈嘉庚的足迹，有过文学巨匠巴金的足迹。岛上林语堂故居受其童年与青年时代的生活滋润，撰写出他一生的生活的艺术。在辞藻娇饰的世界里，保持住了生活的朴实真挚。鼓浪屿还是女诗人舒婷的诗歌灵感的来源之地，是钢琴家殷承宗的音符所由出，也是鲁迅写给许广平情书中言及之地。所谓生活的艺术如此简单——享受悠闲的生活，只需要艺术家的性情，在一种全然悠闲的情绪中，去消遣一个闲暇无事的下午。

林语堂故居(1)

林语堂故居(2)

鼓浪屿曾经是一座悠闲而与世隔绝的虚静淡泊的小岛。其文化遗产呈现出多重性与多元化的价值。在鼓浪屿的许多人文情怀浓郁的人们心中，鼓浪屿，以场所感为人们创造出强烈的认同感与精神象征作用。在巴金的心中，鼓浪屿是他永不忘怀的“南国的梦”。自 20 世纪 30 年代初，巴金首次登上鼓浪屿开始，便与鼓浪屿结下了不解的情缘。巴金曾经富有诗意地描绘他临海观望鹭江上的江风渔火：“窗下展开一片黑暗的海水。水上闪动着灯光，飘荡着小船。头上是一片灿烂的明星，水是无边的，海也是。海是这样的大，天幕简直把我们包围在里面了……我一直昂起头看天空，星子是那样多，她们一明一亮，似乎在给我们说话。”巴金心神完全融入鼓浪屿如诗如画的意象情景中，描绘了一个南国的梦，伴着渔舟唱晚的回忆，完成了中篇小说《春天里的秋天》。他的笔触在人们的心灵中溅起了浪花，对于妖娆的鼓浪屿与妩媚的南国，充满了春天的遐想。遗产地复活为人心向往之天堂。巴金心中的鼓浪屿是永不忘怀的“南国之梦”。他多次到鼓浪屿小住，“在这个花与树、海水与阳光的土地上”，沉醉于人性的温馨梦幻。鼓浪屿就是他的梦，是使他“容易变得年轻的空气”。

在林语堂的人生中，鼓浪屿是他“与西洋生活初次接触”的地方，他在这里迷上了西洋音乐，迷上了“绿草如茵”的运动场，也恋上了鼓浪屿的女儿，开始了他“脚踏中西文化”的旅程。林语堂与鼓浪屿渊源颇深。1905 年，林语堂 10 岁时，转到厦门鼓浪屿养元小学读书，13 岁小学毕业后进寻源书院读书。至今在鼓浪屿仍然可以看到陈旧的林语堂故居。那曾经是林语堂岳父廖家的房子，1919 年 8 月 9 日，林语堂与太太廖翠凤在那里完婚。

林语堂故居位于鼓浪屿，是一座 U 形平面布局的别墅，为鼓浪屿最古老的别墅之一，约建于 19 世纪 50 年代，英式拱券回廊，前部为两房一厅，为两层坡顶。后部中间为小花圃，两旁为二层小楼，连着前面的主房，后花园里还有鱼池。别墅的线脚重叠纤丽，而二楼的栏杆却甚简约。地下设有隔潮层，保证了其上的厅房干燥舒适。一楼中厅拱券前为一长长的石阶，石阶四周的小花园笼罩得浓荫婆娑，清新凉爽，一派温馨的氛围。该楼年代久远，为带地下室三层，因地势高低而建。正前面部已成危房，拱券都砌上砖墙封堵加固，主入口已封死禁止通行，二楼前厅已不能住人，底层尚有一户住家，二楼业主亲人自住，从侧门出入。

廖家许多子女出洋创业，使别墅日渐寥落。到了 20 世纪 70 年代，别墅前部被拆去一层，如今，别墅因年久未修，破旧成了危房。可住在里面的廖氏后人，对祖厝感情特深，不愿搬离，随居而安，自得其乐。

每一个上过鼓浪屿的人，都以自己不同的方式爱着鼓浪屿，就连一生不喜欢“永是这样的山，这样的海”的鲁迅也不例外。其实，这位一生思考着民族命运的大文豪，并没有为鼓浪屿写下什么文字，在他的日记和文章中都找不到。在鲁迅写给许广平的信里找到了他对鼓浪屿的“蛛丝马迹”。1926 年，鲁迅刚刚到达厦门大学的时候，便写信告诉恋人许广平，说鼓浪屿“就在学校的对面，坐舢板一二十分钟可到”。据悉，这也是鲁迅唯一一次用文字记录鼓浪屿。

音乐家钢琴家殷承宗，1941 年就出生在绿影摇曳中的鼓浪屿鸡山路十六号殷家别墅,该别墅建于 1927 年。这是一幢始建于 20 世纪 20 年代、外形优雅的欧式小楼。由殷氏家族长房的殷祖泽在美国费城留学建筑后亲自设计的。殷家是一个具有浓郁艺术氛围的家族,作为从鼓浪屿走出去的钢琴家,同时作为新中国一个时代的偶像,殷承宗的名字是这座“音乐之岛”的重要组成部分。殷承宗认为,鼓浪屿的文化景象源于特殊的历史经历。“我在小时候,不知道中国的音乐、中国的文化,后来我到了上海和北京才开始学习中国的音乐和文化。”“鼓浪屿给了我的一个好的开始,它是我音乐的摇篮。”殷承宗如此形容鼓浪屿对于他的意义。可见,情感价值具有象征价值,能够满足当今社会人们的情感需求,并具有某种特定的或普遍性的精神象征意义,包含文化认同感和归属感,历史延续感和精神象征性,并通过记忆载体,起到核心的文化认同作用。

殷承宗宅

在鼓浪屿上的吴氏宗祠的核心价值,表现为强烈的情感价值。祠堂是族人祭祀祖先的场所,有时为了商议族内重要事务也用作聚会场所。现今原本的功能虽已不能延续,但建筑仍承载人们对传统生活的记忆。宗祠的社会地位也承载了闽南传统生活的记忆与闽南祭祀文化记忆。相反,原日本领事馆的建成时期及其在历史中的实际使用功能,无论如何依然呈现出一种对本土民族情怀的刺痛。尤其是警察署的地下关押监狱部分,残存的被囚志士所留受困、受辱和抒怀痕迹,不论在文物保护要求还是真实的道德情感,都显示出它们必须予以真实保留。然而,在保存下这些未必完全存积极意义的历史物证与情感痕迹之余,改造设计仍增添了民族文化和工艺中引人自豪的作品和结晶。其目的还在于指出倡导对民族特色文化工艺的复兴传承和革新发展,作为情感价值的补充。

建筑本身含有的精神意义随着历史意义或者功能不同,相应地它也被赋予了政治、文化、民俗等不同意义,海天堂构的情感价值涉及建筑上民族情感的投入及在鼓浪屿这个环境中所具备的特殊意义。以时间线为依据对三幢不同建筑进行情感价值比较,中心建筑第一阶段作为外国人俱乐部,情感价值最弱;在第二阶段作为鼓浪屿华侨建筑的典型代表,有一定的情感价值,但这种价值是后人赋予的;第三阶段主楼改造成为鼓浪屿建筑展示馆,具有明确的纪念展示价值,展示内容突出了情感价值核心的部分,如鼓浪屿宏观上的建筑概述,以及具有影响力的历史名人,人们对这幢建筑有了情感上的一种认知,它包含了某种"鼓浪屿"独有的情感,这时候它具备了最大程度上的情感价值;而中轴线两侧的两幢建筑,在第二阶段均作为住宅,第三阶段经过合理的改造分别修缮成风情咖啡馆以及闽南民俗文化展示馆,咖啡馆在后期经营不佳,但闽南民俗文化展示馆通过展示南音和木偶戏文化,让这座建筑具备了相当的情感价值,将鼓浪屿别具特色的非物质遗产展示给游客。从情感价值分析的角度来看,两幢的功能发展赋予了旧建筑新的意义,并且合理地将展示成果结合到特殊背景的建筑中,因此在调研结果和课题进展中,这两座建筑都应当保留现有的展示功能,在现基础上改进展示方式,让它的"建筑文化展示"和"非物质文化展示"更好地展现出来。

1.5.6 鼓浪屿遗产的史料价值

人们在鼓浪屿开展社会活动的文化遗存,被文字记载在多种历史文献资料中。因此,从历史研究的学术视野,对国家档案馆中的历史文献进行系统研究和深度解读,对于发展鼓浪屿旅游文化、推进申报世界遗产工作,具有认识论意义与实践价值。

起源于新石器初期的中国东南沿海及台湾海峡各岛屿,沿海水域成为"进化的渔人"的自然环境。考古学家将福建省厦门附近金门岛的地点命名为"富国墩",那里发现有非常多的贝壳和蛤,至少已经发现了与之密切相关的文化或组群,沿着大陆海岸,受到更为内陆的文化影响,丰富多样的地方文化,在同样的时间范围内得到发展,最终形成后来的新石器文化模式。①

---

① 阿尔弗莱德·逊兹编著.幻方:中国古代的城市[M].梅青,译.北京:中国建筑工业出版社,2009.

中国海疆史研究表明,早在公元前后的汉代,中国人民已经开始在海上航行,并逐步开辟了以沿海各地为基点,通向东南亚各国、印度洋以及波斯和红海等地的海上航线,这条航线被后人誉为“海上丝绸之路”。作为中国走向世界的黄金水道,它在联系中国与世界、促进东西方文化交流中所发挥的作用,绝不亚于陆地“丝绸之路”,在某些历史时期,海上“丝绸之路”的地位甚至超过了陆地“丝绸之路”。与陆地丝绸之路日渐衰落形成鲜明对照的是,唐代,远离帝国京城遥远的一个角落,即今日的福建,因为与远至印度洋国家的海外贸易,而有着特别的发展。蜿蜒的海岸线和很多具有深水港的海湾,为沿海城市的发展提供了特别好的条件,至唐代海上丝绸之路迎来了它的黄金时代。这一带,航船和贸易是最为重要的职业。除了已经是几代的主要海外贸易中心的广东外,福州、泉州和漳州这样的城市,成为极具重要性的地方。在福建省九龙江上的船,与广州的泥塑模型几乎是同样的类型。而到了宋元两代,海上丝绸之路更是达到了其鼎盛时期。“古航道”集纳了古代中国物质文明与精神文明的多种人文元素,是海岛人文形态中不可或缺的组成部分。①

宋元时代,泉州作为东方大港,在海上丝路贸易与文化中起到关键作用。明代初始,朱元璋实行闭关自守的“海禁”政策,禁止私人船只出海进行民间的海外贸易,以往由官方许可派船进行官方海外贸易也受到严格限制。“海禁”影响了私人船只以及官方船只出海贸易,外国商船也禁止来华。中外物品交换被严格限制在规模甚小的朝贡贸易范围内。明永乐年间,因为郑和下西洋而海禁政策有所松弛,鼓浪屿与外界的海上交易也在悄悄地渐有发展。正德年间开始抽分制,明廷在海外贸易中有了税收,从而改变了海禁局面,西方殖民者陆续东来,私人海外贸易得到较快发展。以葡萄牙为主的西方商人与中国商人曾有过悄悄的海上贸易,鼓浪屿及厦门周围诸岛,都曾是这些交易的海上地点。②

世界地理大发现,始于葡萄牙人与西班牙人 15 世纪(对应于明朝)的大航海探索。当时,欧洲船只漂洋过海,航行于地球各处的海洋,探索生存之路,寻找贸易路线与伙伴并发展新生的资本主义,并发现了许多当时不为人知的国家与地区。并

---

① 阿尔弗莱德・逊兹编著.幻方:中国古代的城市[M].梅青,译.北京:中国建筑工业出版社,2009.

② 梅青.中国建筑文化向南洋的传播[M].北京:中国建筑工业出版社,2005.

由此开启了欧洲资本时代与西方向东方的殖民。

海洋文化是一种外向型的文化，它更为积极进取，更容易对外界的影响作出反应。广袤的空间与更多的财富，都在内陆原有的认知所划定的界限以外。早在15世纪末，教皇亚历山大六世在位期间，曾经在1493年为世界海上强国葡萄牙、西班牙划定了殖民扩张分界线，葡萄牙获得了到非洲和亚洲贸易航线的海上控制权，而西班牙则是获得美洲乃至太平洋的海上贸易控制权。因而，非洲、印度、中国都在葡萄牙的海域航线范围之内。[①] 而整个南美洲除了已被葡萄牙占据的巴西之外，全部在西班牙的掌控下。在条约基础上，西班牙和葡萄牙几乎不受任何限制地在世界上航行、征服以及贸易。同时，他们也肩负着教廷的重任，一边从事贸易和掠夺，一边传播天主教和基督教。他们获得了教皇特准，所到之地兴建教堂、修道院，由此可以完成传教使命。驶向东方的船只，依赖海洋季风。从海洋吹向陆地的季风，将这些船只带入一个又一个的港湾。葡萄牙继16世纪占领了印度的果阿与马来半岛的马六甲，并顺着马六甲海峡驶向中国海，占据了澳门。

1513年，一艘自果阿出发的葡萄牙商船驶入珠江水域，这是自马可·波罗之后第一次有正式记载的欧洲人的到来。葡萄牙人在中国南方的贸易活动并不顺利，其时正值明朝实施海禁。1516年，尝试在中国沿海建立据点的葡萄牙人在厦门港外的浯屿与当地人进行了私下的交易，结果90名参与贸易的中国人丧命。这时期葡萄牙人也试图在汕头和宁波建立商馆，但未成功。1553年，通过贿赂当地官员，在澳门获得了居留权，以此为据点进行欧亚及亚洲各地之间的贸易。直到16世纪末，由于文艺复兴所倡导的人文主义在欧洲占据了主导地位，并伴随着东西方之间的文化与贸易交流，欧洲文化开始了全球性的扩张，这同时极大地推动了东方现代文明的进程。

紧随葡萄牙与西班牙的另外两股海洋力量是荷兰与英国。荷兰人首先占领印度尼西亚的爪哇岛，之后在1604年占领澎湖，1624年占据台湾，并时常袭击月港至菲律宾的航线。在17世纪的中叶，南中国海上葡萄牙人、西班牙人、荷兰人和郑成功四股海上力量，此消彼长，一争雌雄。1661年，郑成功率领水师横渡海峡，驱逐了荷兰人，收复了台湾，中国与西方海上力量首次大规模对决，锐不可当的西方

---

① 梅青.中国精致建筑100:鼓浪屿[M].北京:中国建筑工业出版社,2015.

新兴殖民势力在东方遭遇到首次强有力的回应。

明清两代,在中国由于居家优势与地主之便,贸易往来的大部分时间里,中国都是获利的一方。与欧洲人之间的商贸活动从限定于几个口岸,直到因为受到时局的影响而时不时地关闭几个口岸,直到乾隆时期广州成为唯一对外开放的口岸。大量白银的流入造成乾隆时期白银的贬值,一直到19世纪,欧洲人没能运来能够在中国打开市场的本国商品,最后以鸦片的输入平衡从中国出口到欧洲的茶叶、生丝、丝绸与瓷器等外销品。1557年,葡萄牙终于继亚洲殖民地果阿与马六甲之后,占据了澳门;而1565年,西班牙违反条约征服了菲律宾,将西班牙的海上霸权覆盖整个太平洋。①

1567年明穆宗宣布停止海禁,开放福建漳州月港,允许民间通商东西两洋,即史称的"隆庆开海"。位于中国东南沿海的福建省,当时漳州的月港是明廷开放的福建唯一港口,通东西洋,东至西班牙占领的菲律宾主导的东洋,西至葡萄牙占领的马六甲海峡主导的西洋。据《海澄县志》记载:"月港自昔号巨镇,店肆蜂房鳞次栉比,商贾云集,洋艘停泊,商人勤贸,航海贸易诸蕃",当时月港一地"农贾杂半,走洋如适市,朝夕皆海供,酬酢皆夷产",成为"闽南一大都会"。当时主要的出口商品包括粗瓷器、陶器、蔗糖、果品、药材、小铁器以及工艺品,输入的是白银、大米、药材等大宗货物以及象牙、檀香、胡椒等海外特产。因为私人经营的海外贸易从未禁绝,位于九龙江出海口外,更为便利的厦门港逐渐兴起,并直到清代成为福建地区最大商港。

欧洲人在16世纪之后开始了大航海时代的全球性扩张,海上新航路的开辟带来了巨大的利益,商船自欧洲出发进行一次远东贸易,风向和洋流决定了行船的速度和方向,2年是常见的周期。欧洲海外冒险先驱葡萄牙人沿着非洲西海岸建立了许多沿海驿站。到16世纪的最初10年,葡萄牙人已经占领了东非的莫桑比克港,印度洋上通往亚丁湾与红海的关口索科特拉岛(今属也门)和扼守波斯湾的霍尔木兹岛(今属伊朗),印度西海岸的果阿,并控制了与远东通商的必经之地马六甲海峡。这些重要的沿海据点为葡萄牙连接起一条跨越半个地球的贸易通路。

① 鼓浪屿申报世界文化遗产系列丛书编委会编辑.《大航海时代与鼓浪屿》——西洋古文献及影像精选[M].北京:文物出版社,2013:15.

16 世纪时荷兰人拥有欧洲最庞大的商船队,17 世纪后葡萄牙人在亚洲贸易上的统治地位被荷兰人夺走,随后便开始挑战葡萄牙人的东方商国。1602 年荷兰人成立了荷兰东印度公司,随后在东印度群岛修筑了一系列要塞,并由此发展出一个比葡萄牙人的贸易网络大得多的殖民帝国。在中国近海,1604 年在进攻澳门试图赶走葡萄牙人取而代之的计划失败之后,荷兰人沿着海岸北行寻找别的可能的据点。1622 年占领了澎湖,1624 年被明朝军队驱离后转至台湾安平设立据点,直至 1662 年被郑成功打败为止,在此之间从事最为擅长的转口贸易。他们收购生丝、丝绸、瓷器、棉布等商品,将生丝及丝织品运往日本,瓷器运回欧洲,棉布转卖东南亚或供应台湾岛内。台湾本地出产的鹿皮、砂糖、渔获被运往大陆和日本。此外荷兰人也从东南亚购入胡椒、丁香、苏木等香料,以及铅、铝、硫黄等,卖至中国获利。这一时期台湾岛与大陆之间的贸易,由于荷兰人的活动,在台湾一边集中在现在的台南,在大陆一边则经由十多个大小港口,其中以厦门和烈屿(今小金门)进出的船只最多。崇祯六年(1633)发生的明荷海战,起因于荷兰为迫使中国政府答应其贸易需求而对福建沿海进行的掠劫活动。此前荷兰人与福建之间的私商贸易,一度得到地方官员的默许,这种实质上等同于走私的贸易活动受到打击之后,荷兰在台湾的贸易陷入困境。于是荷兰人决定掠劫自南洋返回福建的中国商船以换取中国政府的妥协。在宣战书中荷兰人提出数项条件,其中包括在鼓浪屿建立一个贸易据点。不过在被明朝水师以绝对优势的兵力击败之后,荷兰人放弃了这些要求,却也得到了原先期望的稳定供货保证,此后直到明朝灭亡,荷兰人都维持着闽台间的贸易活动。从 16 世纪至 18 世纪,意大利、西班牙、葡萄牙传教士们在中国完成了重要的早期教皇赋予的传教使命。17 世纪末,法国的传教士也加入其中,并随着时间的推移,增加了基督教会在朝廷中的重要性。1688 年,法国耶稣会在北京成立,其使命不仅仅是传播天主教信仰,而且希望建立与中国的外交和商贸关系。法国耶稣会传教士巴多明(Dominique Parrenin, 1665—1741)1723 年在北京的一封信中这样写道:"中国的皇帝深爱科学,对外国知识极具亲和力,这在欧洲已家喻户晓。"由此,欧洲人送来了数学师、天文师、艺术师,在为宫廷传授知识的同时,将由宫廷决定,哪些传教士留在宫中,哪些可以到各地完成传教使命,使他们顺利地贯彻了宗教使命将宗教传到中国精英文化的各个阶层。18 世纪,荷兰及英国和法国的船舰,打破了东方航线葡萄牙独揽的局面,在远东开展贸易的同时进一步传播宗教使命。清朝以后，荷兰人先是被郑成功从台湾逐出，失去了他们在亚洲至关重要的一个据点；随后其在国际贸易上的统治地位被逐渐崛起的英法两国取代。自 18 世纪起英国人成为中国对外贸易的主要对象，茶叶取代生丝成为最大宗的出口商品，到 19 世纪中后期，其出口值在有些年份甚至占总出口值的 80%以上。[①]

在《海国图志》卷一中，有对于福建的泛论：福州泉州地域，水流湍急，涨潮可以通船而退潮时容易搁浅，所以半日内不能直达，所以敌军大船不敢闯入。守卫的地方只有厦门，厦门有鼓浪屿作为其屏障，大船入港可以进虎头关，小船可以到税关。之前在口设置炮台，不足以制服敌寇，仅能自守。去年反而在口外的大档、小档，增设炮台……

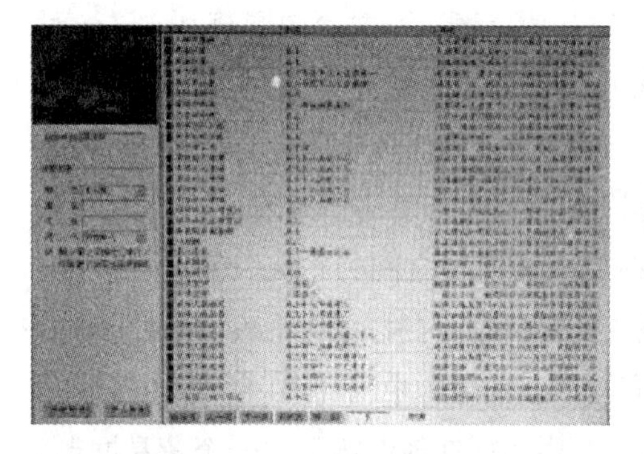

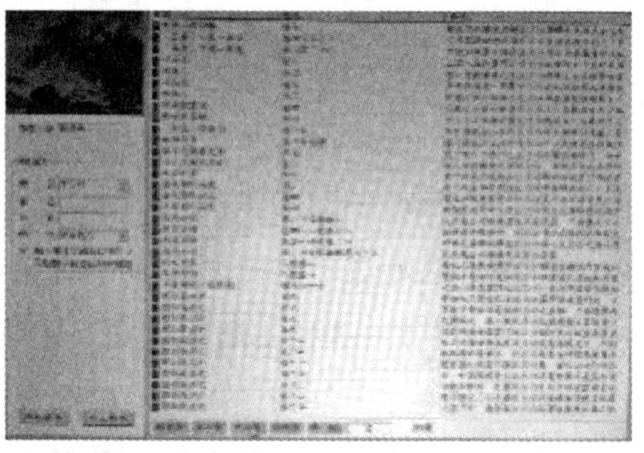

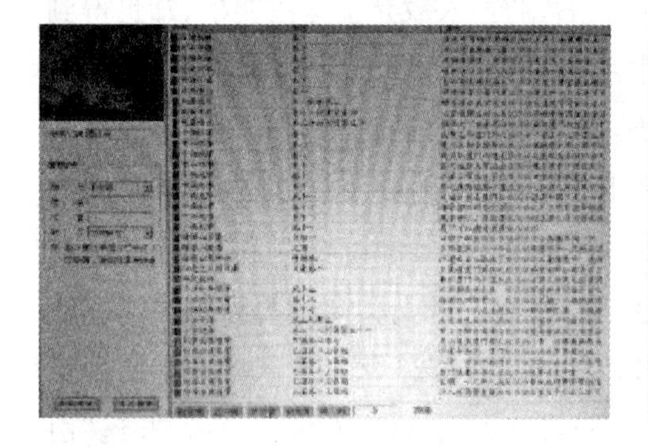

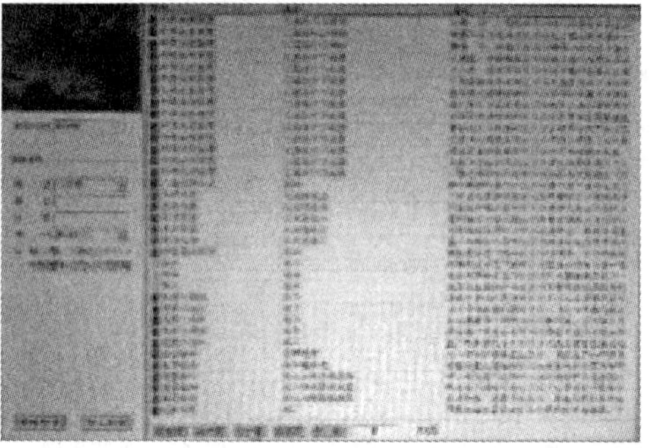

① 鼓浪屿申报世界文化遗产系列丛书编委会编辑.《大航海时代与鼓浪屿》——西洋古文献及影像精选[M].北京:文物出版社,2013:16.

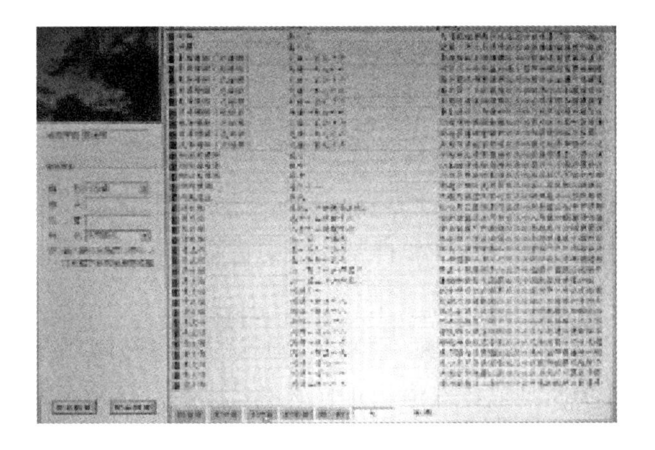

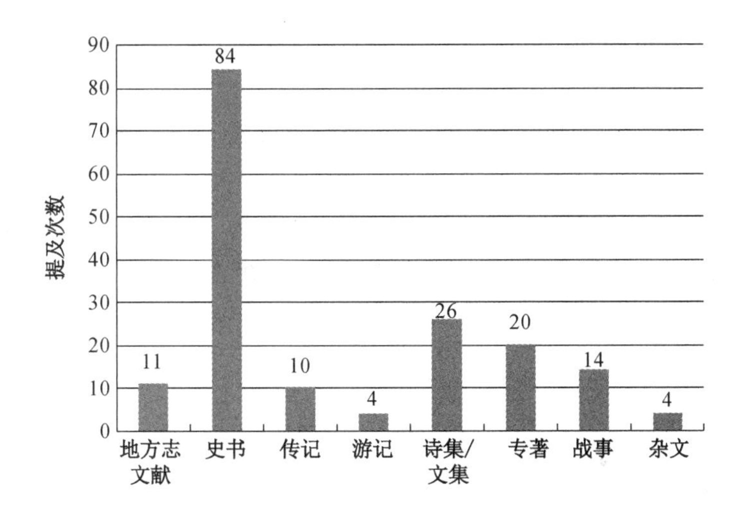

国家图书馆关于鼓浪屿的古代文献历史数据表格(参见书后参考文献古籍部分)

1.5.7　鼓浪屿遗产的科学价值

所谓建筑遗产的科学价值,主要指遗产建筑中所蕴含的科学技术信息。建筑技术或建筑材料,令建筑包含该时期建造过程所包含信息的科学价值。反之,这些信息又为保护提供参考意义。作为近现代历史遗迹和遗物的鼓浪屿建筑,当时建造、制作的目的是为了人们实用。从布局、形式、用材、装饰等方面,都能提供历史借鉴，具有科学研究所需要的史料价值。一个时代的建筑遗产，在某种程度上一定代表着当时那个时代的技术理念、建造方式、结构技术、建筑材料和施工工艺，进而反映当时的生产力水平，建筑物建造过程中的技术体系与先进的建造技术贡献，成为人们了解与认识建筑科学与技术史的物质见证，对科学研究具有重要的意义。作为文化遗产的鼓浪屿岛上的建筑，演变发展至今所蕴含的科学价值，实际上也是建筑遗产所携带的历史信息的一部分，岛上的遗产，是宝贵的实物依据。

从建筑形式设计的角度来谈科学价值，建筑的原形式、类型及原型演化等实物的留存，可以作为类型或特殊结构研究素材。以鼓浪屿核心要素建筑八卦楼为例，这座建筑是西方古典复兴式风格与本地建筑形式的结合，八卦楼本身的防潮层设计契合了本地建筑传统形式和生活方式，是西方建筑形式与本地文化融合结果，并且其具有十字中轴线的平面布局穿插了中国古典“八卦”的元素，在强调了轴线元素的同时，也体现了中心性，八角的空间也是西方建筑中所罕有的。

从材料质地的角度来谈科学价值，对遗产兴趣者可以考证建筑所用材料和技术痕迹。材料包含某时期建造过程所包含信息的可续性。以原日本领事馆相较于邻近各历史建筑而言，有较高的技术价值。主要体现在其具有工业时代特色的双柱桁架，以及特殊的日式清水红砖。建筑所应用的红砖是典型的日式红砖，有较好的坚硬度与耐用性。在经过一个多世纪后，墙体依旧保存完好，少有缺损或腐蚀。在砖砌方式上，日本领事馆基本学习了英式的标准砌法，即全顺砖层与全丁砖层交替排列，并且丁砖位于顺砖的中间放置，相同砖层间垂直对齐。排列简单，同时墙体也有较好的稳定性。在此基础上，在建筑立面的某些局部，又增加了不同的砌筑方式，产生了纹理的变化。在建筑整体统一的情况下，增加立面的丰富性。另一座原日本领事馆警察署，显现出在日本领事馆建筑群中所出现的两种不同的建筑类型学范例，其领事馆主楼建筑的维多利亚外廊式布局及工业坡顶构造与警察署装饰艺术风格兼具日式分离派造型有其各自的研究意义。尤其是，它们在这一方面存留的辨识度依然很高。警察署建筑还提供了关于英式砖砌的技术实例与处理傍山地下室的平面实用适应性参考。此外，八卦楼建筑本身所采用的材料十分丰富，对于这些材料的制作工艺和运用手段具有一定的研究价值，例如，其中值得注意的是水刷石面这种本地材料的做法，独具匠心地将白砂掺进水泥砂浆中使材料类似石材，变得更为有质感。

从传统工艺的角度来谈科学价值，以往技术和工艺的可能性以及传承。以吴氏宗祠为例，它是中国传统木构建筑体系中闽南分支建筑的结构体系，建筑的梁柱、柱檩交接处保留了斗栱的节点构造，形式变化较多，这一点是抬梁式及穿斗式无法相比的。并且宗祠中存在诸多濒临失传的传统匠作作品。

从位置环境的角度来谈科学价值，探讨该建筑位置关乎其使用及技术发展信息，借此进行科学调查。再以鼓浪屿的八卦楼建筑为例，该建筑坐拥鹭江，成为鼓浪屿的名片与象征性符号，其西方古典复兴式风格具有极重要的研究价值，西方古典复兴式风格中柱式的形式和建筑的比例和尺度也是值得在本土语境中研究的内容。

从精神情感的角度来谈科学价值，探讨建筑物是精神与情感的寄托，失去便是巨大的情感缺失，是与教育价值联系在一起的。以岛上的海天堂构建筑群为例，海天堂构主楼采用清水红砖作法，极大地体现了闽南人对红砖的热衷，而这种热衷是感性与理性的交融。感性——闽南人热衷于富贵的追求，红色是中原汉文化的一种宫廷庄重、喜庆色彩，红砖建筑正是闽南人在不同的经济条件下对宫廷居住观念的一种曲折表达。理性——闽南人对财富的理性支配，闽南石材建筑分布广泛，选用石材是在闽南地域、气候、资源、材料性能等因素综合下最经济、合理的选择，选用红砖作为建材，也是在于其具备了石材的优势，同时弥补了石材颜色上的弱势。同时海天堂构主楼为厌压式建筑，是“将中国式屋顶压在西洋式建筑上进行厌压”，表现一种得到了宣泄后获得扬眉吐气的快感。

从使用功能的角度来谈科学价值，原匠艺与空间，代表技术发展与其形状密切关系之科学痕迹，建筑技术信息提供科学研究参考。外国殖民者在《南京条约》后，近半个多世纪占据岛屿并在此居住。在 20 世纪初，联合组织了“道路墓地基金委员会”，环绕自然业已形成的、遍布岛屿的住宅，修建了道路，并沿着道路两边栽种了各种树木。但这些道路依然是没有经过规划布局的、支离破碎的道路片断。①

---

① 梅青.鼓浪屿近代建筑的文脉[J].华中建筑，1988(03).

道路形式是岛内最常见的道路形式，蜿蜒、曲折、高低起伏。建筑完成后的空地上自然形成了路，因而道路非常不规则，宽窄不一。这是先有宅，后有路的结果。（摄影，梅青，1987年夏）

在随后的20世纪20年代，一些游历海外的归国华侨与百姓投入了大量的人力、物力、财力和聪明才智于鼓浪屿的筑路活动中。这时候的道路建设更注重寻求新秩序，同时侧重于提高道路的质量。为了能够连贯整个岛屿，先后出现了开山、填海、征服自然的举措。但鼓浪屿丘陵起伏，岩石丛生，复杂的自然地形条件限制了更为“城市化”的筑路方式和可能性,但却形成了今日这种纵横交错的自然道路格局。①

1.5.8 鼓浪屿遗产的艺术价值

文化遗产的艺术价值,主要是指遗产本身的品质特性是否呈现一种明显的、重要的艺术特征,即能够充分利用一定时期的艺术规律,较为典型地反映一定时期的建筑艺术风格,并且在艺术效果上具有一定的审美感染力。具有艺术美感的样式风格、工艺水准或建筑内壁画装饰等,让人欣赏,令人愉悦。包含对于使用或参观建筑的人,或许会被建筑空间艺术所感动,对建筑本身的新奇样式或艺术与工艺的艺术成就而感动,在情感上对建筑或许有所附属。

遗产是否具有艺术价值,主要看遗产本体的品质特征是否呈现一种明显而重要的艺术特征,能充分利用一定时期的艺术规律,较为典型地反映一定时期的建筑艺术风格,并且在艺术效果上具有一定的审美感染力。往往会通过点、线、色、形等形式元素,以及对称与均衡、比例与尺度、结构与韵律等结构法则,从而能使人产生美感,使遗产达到崇高、壮美、庄严、宁静、优雅的审美品质,以体现出艺术价值。

与艺术价值相关联的一个当代概念,是所谓的美学价值的审美概念。关于建筑遗产所体现出的审美价值,主要包括不同时代的建筑风格、建筑工程结构与建筑艺术元素方面的审美特色。建筑文化遗产的审美价值,其内涵注重的是建筑的形式元素和结构法则所体现出的审美质量,比较忽视审美意象层面的阐释,因为审美意象难以转换为具体的评估标准。而其中一种解释为:“审美意象是一种在审美活动中生成的充满意蕴和情趣的情景交融的世界,它既不是一种单纯的物理实在,也非抽象的理念世界,而是一个生活世界,带给人以审美的愉悦,并以一种情感性质的形式揭示世界的某种意义。”②广义而言,建筑遗产的艺术功能和社会作用,也在一定程度上属于艺术价值的范畴。

然而,讨论遗产的艺术价值,不能将其从环境中孤立出来,还应该考虑其与周围的环境与氛围。“对于每一座建筑、每一种城市风景或景观,我们都必须根据存

---

① 梅青.中国建筑·城池村落·鼓浪屿[M].台湾:锦绣出版公司;北京:中国建工出版社,2002.

② 董学文.美学概论[M].北京:北京大学出版社,2003.

在于建筑物内部以及该建筑物与其更大环境之间的功能适应关系来进行欣赏。若不能如此,便会失去许多审美趣味与价值。”①

就遗产建筑的形式设计而言,建筑的样式风格,具有非常特别的规划布局与设计,结合或代表某种风格;就材料质地而言,建筑内部壁画装饰,原建筑材料依然清晰可见,且状态良好,具有建筑美感;就其使用功能而言,形式随从使用功能的时代特殊表达方式,且是该类型建筑的典型表达;就传统工艺而言,就其工艺水准方面而论,建筑已经被当作“艺术品”表现了建造的技巧;就建筑的位置环境而言,建筑物坐落何处?与功能相关的建筑造型对于环境的视觉影响是怎样的?就精神情感而言,建筑物在文脉中的美,旨在愉悦生活者以及来访者。

1.5.8.1 核心建筑案例八卦楼的艺术价值分析

构成鼓浪屿文化遗产风貌肌理的核心建筑物,集多元艺术审美价值观并反映各单体建筑遗产的艺术审美情趣,为不同使用者带来不同的艺术享受。正是众多的单体历史建筑或建筑群的艺术价值,汇聚为构成鼓浪屿文化遗产风貌的底色。

八卦楼建筑大体为西方古典复兴式与中国传统元素结合的建筑样式,及极具纪念性的柱式和装饰细部具有较高的艺术价值,八卦楼建筑本身运用了多种材料(包括外来材料和本地材料的结合)都为其增添了极高的艺术性。

屋顶,历来是闽南传统建筑的精彩之笔。不论官式建筑,还是民间建筑,匠人们对屋顶的建造从不敢怠慢。在闽南的传统民居中,最为常见的是两坡的硬山屋顶,且有阴阳之分。民间对于住宅的封顶一事看得很重,通常是选择良辰吉日,邀亲朋好友,摆设酒席,举行盛大的仪式以示庆贺。可见,屋顶,在人们的观念中是多么重要。

鼓浪屿住宅或别墅的屋顶,与闽南民居的屋顶有很大不同。前面已提到,由于受到外来文化的影响,人们的观念有了很大的改变。民居外观形式的洋化,自然也包括屋顶形式的洋化。许多西洋式的屋顶被套用,甚至教堂常用的穹隆顶形式也被用于民居上。一些较为大型的住宅,屋顶常以化整为零的方法,各种屋顶穿插组合,变换折中。也有为标新立异,以奇特的造型来塑造屋顶的。板桥林鹤寿在1895年台湾被迫割让给日本以后回到鼓浪屿,他在鼓浪屿笔架山麓兴建的大型宫殿式别墅,屋顶以红色圆形的穹隆顶模仿西方古典主义的宫殿式建筑。红色圆顶

---

① Cody, Jeffrey; Forg Kecia eds. Built Environment[M]. Vol. 33, No. 3, Alexandrine press, 2007.

以八边形的八角平台承托,上有八道棱线。穹隆顶的鼓座呈四面八方的十二个朝向,因此而被称为“八卦楼”。有些别墅的屋顶,俯瞰像一面旗,有的采用拜占庭式的洋葱头形,也有的住宅中间为四坡顶,外围为平顶。有些欧式别墅,配上传统的中式歇山屋顶。此外,闽南式屋顶上的那些传统装饰依然被安放在这些洋化了的屋脊屋檐处。以往传统屋顶的象征性在鼓浪屿建筑中,由于各式各样屋顶形式及材料的选用而被淡化了。当然,在鼓浪屿住宅中,首选的屋顶材料是红色的板瓦和筒瓦,也有的选用铁皮或其他新材料漆成红色。少数富户采用琉璃瓦。

从轮渡望鼓浪屿核心景观遗产建筑——八卦楼(摄影,梅青,1987年夏)

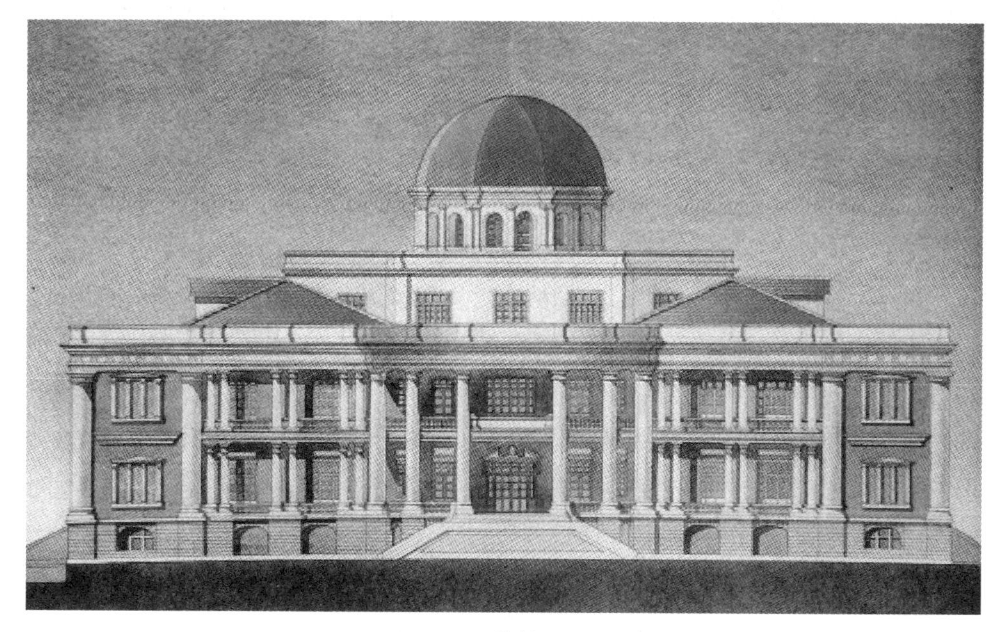

八卦楼

因八卦楼的坐落位置以及高耸的建筑艺术造型,建成之初便成为鼓浪屿的名片。乘船过鹭江,是唯一进入鼓浪屿的途径。轮船的慢慢驶近,使人尽情浏览鼓浪屿秀色。而八卦楼超然的姿态,令人联想到建筑艺术所独创的人间仙境。

1.5.8.2 核心建筑案例吴氏宗祠的艺术价值分析

吴氏宗祠是一栋闽南传统风格的中式木构建筑。在全岛范围内保存完善的闽南传统样式建筑也是很少见的。吴氏宗祠的位置与建筑风格,是区分它与其他周边历史建筑的标志物。

吴氏宗祠,显示出中国传统木构建筑体系中独特的闽南分支特有的建筑结构体系,重要建筑的梁柱、柱檩交接处保留了斗栱的节点构造,形式变化较多,这是中国传统抬梁式及穿斗式无法相比的。并且宗祠中存在诸多濒临失传的地方传统匠作。优美的屋顶曲线造型以及结构细部构件及构件上的图纹彩绘都极具观赏与保护的价值。闽南传统建筑为了增加艺术效果,显示财力与地位,这类构架的雕饰较为繁复,梁端、随梁枋、瓜柱等皆是装饰重点。

1.5.8.3 核心建筑案例原日本领事馆建筑群的艺术价值分析

日本领事馆建筑群显现两种不同的建筑类型学范例:日本领事馆主楼建筑的维多利亚外廊式布局;而警察署则具有装饰艺术风格兼日式分离派造型,有较高的完成度。就艺术造型和外立面视觉艺术效果而言,鼓浪屿的原日本领事馆鉴于闽南地区气候,仿照了当时在东南亚较为流行的英式外廊式形式。采用了具有工业时代特色的双柱桁架结构与坡顶构造,警察署建筑则采用特殊的日式清水红砖材料,以英式砖砌的技术以及处理傍山地下室的造型手段,提供了功能平面实用适应性的杰出范例。

在经过一个多世纪后,建筑墙体依旧保存完好,具有较好的坚硬度和耐用性,少有缺损或腐蚀。在砖砌方式上,日本领事馆基本学习了英式的标准砌法,即全顺砖层与全丁砖层交替排列,并且丁砖位于顺砖的中间放置,相同砖层间垂直对齐。排列简单,同时墙体也有较好的稳定性。在此基础上,在建筑立面的某些局部,又增加了不同的砌筑方式,产生了纹理的变化。在建筑整体统一的情况下,增加立面的丰富性。原日本领事馆相较于邻近各历史建筑而言,有较高的艺术价值。

1.5.8.4 核心建筑案例海天堂构建筑群的艺术价值分析

海天堂构是由菲律宾华侨黄秀烺和黄念忆共同于1920~1930年间建成的五

栋一组的洋楼群。是鼓浪屿岛上唯一按照中轴线对称布局的别墅建筑群,同时也是岛上唯一具有“嘉庚风格”的建筑群。主楼是一座中西合璧的建筑。矩形平面,前面及两侧设置外廊,正面正中向前突出作“出龟”处理。其屋顶为岭南风格歇山屋顶,飞檐作高高起翘,“出龟”门廊之上作重檐四坡攒尖小屋顶。主楼是被当地人称为“穿西装戴斗笠”的“厌压式”建筑,展现了中西合璧的外观,体现了民族复兴的精神。外墙、廊柱均采用清水红砖作法。两侧外廊钢筋混凝土额枋上作仿斗栱构件,额枋下设混凝土雀替、挂落;外廊廊柱件外侧设预制混凝土宝瓶栏杆,上设栏板,作浅红色水磨石面层;屋顶屋脊、飞檐、檐口下均设预制装饰构件,做工精美。

海天堂构主楼采用红砖砌筑。考古证明:红砖建筑形式并非传承于中原汉民或闽南原居民,红砖的运用技艺首推古罗马和古波斯,并非闽南优势,而红砖古厝却在海上丝绸之路起点的周边盛行,可见红砖的运用起源于海外。红砖砌筑的海天堂构是闽南人敢于冒险进行海外贸易、文化交流的历史见证。

主楼两侧的四栋侧楼,均为券柱式外廊殖民地建筑,是当时外来建筑形式传入的见证。水刷石饰面层。四栋楼宇普遍采用古希腊柱式,窗套装饰大都为西洋风格,但墙面与转角又有中国的绘画、雕塑。海天堂构的门楼是中国传统式样,重檐斗栱、垂柱花篮、飞檐翘角、石库门、双蹲狮子等,古风盎然。

建筑文化自身含有特定的艺术价值,例如建筑外貌、色彩、实用性与公用性等,这些因素体现了建筑的艺术价值,建筑的艺术价值能够体现当时的建筑背景甚至是更多信息,目前经修复开放的“海天堂构”老别墅是中西方文化结合的典范之作,门楼是典型中国传统式样,重檐斗栱、飞檐翘角。前后两侧的楼宇,普遍采用古希腊柱式,窗饰大都是西洋风格,但墙面和转角又是中国雕饰,这样有趣的建筑特色是海天堂构区分于其他建筑而独有的,在洋派建筑众多的鼓浪屿是鲜少见到的,这也是海天堂构其最大的艺术价值。

就时间来说,海天堂构建筑群包含为三个阶段:

第一阶段:海天堂构在黄秀烺将其旧址购买下来进行重建之前,时间约为1921年以前;

第二阶段:海天堂构建成之后到2006年之间,经历了建筑状态由完好到废弃使用,内部居住功能衰退,久而久之疏于管理,到亟待进行更新;

第三阶段:2006年鼓浪屿——万石山管委会推出“老别墅”认养新政,而海天堂构以有偿认养的方式出让给相关机构进行修缮和改造,在改造后到现在课题的介入,作为它的第三阶段。

第一阶段海天堂构旧址不具备艺术价值;第二阶段是建筑保存最完好,各建筑细部都有着较好的状态的时期,其艺术价值达到最高;第三阶段海天堂构经历时间,建筑不少部分有损坏,修缮也不能完全还原细部,例如一些门窗和损坏的地砖,这个阶段海天堂构的完好程度虽然有所降低,但是艺术价值依然没有减弱,它所反映的是那个时代的风貌和建筑特色。

1.5.9 鼓浪屿遗产的社会价值

鼓浪屿有一种特殊的氛围透过人们的视觉、听觉、触觉、味觉、嗅觉及心理感觉而体验到。概括起来,有四种类型的象征符号承载系统:物体的、语言的、标志的和行为的。世界遗产"突出普遍价值"的第六条标准,主要强调与遗产实体相关的非物质要素的价值对人类文明的发展和见证具有非常大的意义。[①] 在鼓浪屿生活着的特殊群体及他们的生活习性与文化,对鼓浪屿的人文内涵并由此形成的非物质价值具有重要意义,并真切地影响到其物质价值,即其生活与文化的载体中。首先,一个重要的群体是本地原住民。鼓浪屿的内厝澳一带,是岛屿原住民的主要生活居住区,如今却成为岛上发展最为落后的地区。这是相对安静的区域,其中吴氏宗祠正是位于其中。吴氏宗祠位于内厝澳地区康泰路上,位于邻近内厝澳码头的居民区内部,形成一种略带神秘感的氛围。宗祠原为吴氏家族祭祀的地方,后因家族迁出海外而没落。吴氏宗祠的位置与建筑风格,是区分它与其他作为民间生活载体的传统建筑的标志。宗祠具有浓厚的闽南地域性与民族性,成为保存和展示闽南传统文化的载体。其价值在于闽南特有的家族凝聚力,并对于海外华侨社区产生了深远的影响,成为中国地域建筑的杰出代表。

其次,鼓浪屿是最早接受西方文明的居住社区,社会生活方式与传统有别,家庭关系因为受到西方教育而最早出现西化,并成为现代家庭关系国际化潮流在中

---

① 与具有突出普遍意义的事件或生活传统、观念或信仰、艺术或文学作品有直接或实质性有形的联系(本条标准最好与其它标准一起使用);参见 What is OUV? Defining the Outstanding Universal Value of Cultural World Heritage Properties, an ICOMOS study compiled by Jukka Jokilohto.

国的领航者。虽然,其中一个重要的群体是外国殖民者。在国家古籍文献资料中,对于自18世纪起英国人与中国口岸的贸易往来,也有翔实的史料文献记载如下:

根据民国景十通本,《清续文献通考》卷五十七十杂考二第1119—1120页记载:"……在该大臣等深思远虑切实定议永杜兵萌。又耆英奏广州福建厦门宁波上海各海口与英吉利定议通商。又谕耆英等奏和约关防一折,朕详加披闻俱着照所议办理。惟赴各口贸易无论与何商交易均听其便一节须晓谕。地方民人交易日久难保民人无拖欠之弊只准自行清理地方官概不与其各国被禁人口自应一律施恩释放以示格外之仁。将来五处通商之后其应纳税银各海关本有一定则例所称定海之舟山海岛厦门之鼓浪屿小岛均准其暂住数船俟各口开关即逐退出不久为占据应添注约内者必须明白简档不可草率了事。据称八月初十前后必可退出长江着迅速妥办以慰廑念。"①

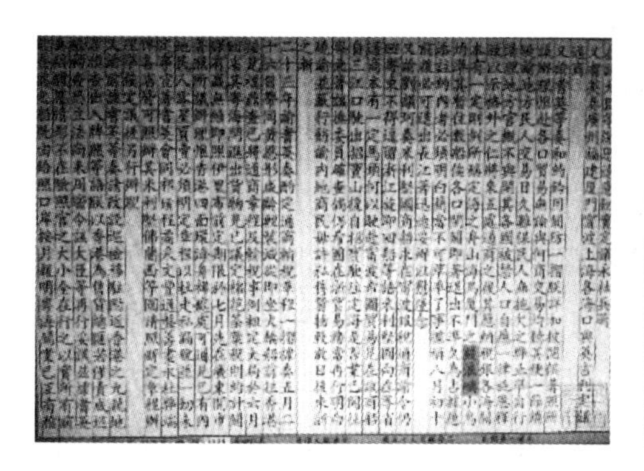

民国景十通本,《清续文献通考》,卷五十七十杂考二第1119-1120页

根据《防海纪略》卷下记载:"……而此时已有数十艘的洋舰全力奔赴福建,攻陷了厦门。……洋舰进攻厦门时,水师提督甚至向朝廷奏书写道:'只顾防守而不进攻的做法让我军很吃力而敌军很省心,大炮只能安置在岸上,无法用船载于水中,小船只能在内港中航行而不能在大海中行驶。'因此申请军资两百万两,造战舰五十多艘,招募新兵几千人,水上民兵八千人,计划出海驱逐外敌。又在出口外边的峿屿、青屿、大小档三处地方增建了三座炮台,预备分散的火力点;新造了很多大

① 民国景十通本.《清续文献通考》卷五十七十杂考二.北京:中国国家古籍图书馆,1119-1120页.

炮,却没有就位,战舰与炮台皆空置,等待作废。听说广东和谈已达成共识,奉旨撤兵节省军资,遣散八千水兵且不予安置。水师提督窦振彪出外海巡逻,军配防备势弱。七月初九那天,厦门海域突然出现了几十艘洋舰,投交书信,下令厦门作为外埠出让,待去年天津所提的要求达成,再将厦门归还。第二天早上敌舰驶入厦门海域,先用几艘船只往返,东躲西闪,试探我军炮路。而我军大炮都陷于石墙之中,不能左右转动,路径单一只能炮轰一线无法瞄准,因此敌军先用小船来试探,套出炮路后,避开火线。于是战舰蜂拥而至,守青屿、仔尾屿、鼓浪屿的士兵,三面环击敌舰,击沉两艘轮船,一艘兵船,还击中一船的桅杆。于是敌军用两三艘军舰合攻一炮台,直至攻破,攻破后再攻一台,守卫将士相继战亡,敌舰接下来主攻大炮台,用飞炮攻击岸上官兵,之前被遣散的水兵叛变为汉奸,在岸上与之呼应。颜伯焘、刘耀春带兵节节败退,敌军登陆,一昼夜地用我方大炮攻打厦门,街市与府衙都被摧毁了。颜伯焘、刘耀春退据同安,厦门即被攻陷。

洋人攻占了厦门,却不守城,没过几日全队赴浙江省,只留下几艘军舰停泊在鼓浪屿。八月初四,颜伯焘就向朝廷禀报已收复厦门。同知(知府的副职)四处躲藏,不敢回衙门处理政务。皇帝下诏将颜伯寿降为三品顶戴留任,派遣侍郎端华去福建了解实情。而这时鼓浪屿的洋人招募了不少工匠,为了驶入内河窥探的图谋而造了许多小船。本月内以五艘大船、三十艘小船驶进厦门木桩港口,炮击我军五艘军舰,副将林大椿、游击王定国战死沙场。提督普陀保、总兵那丹珠带军抵抗,击沉一艘大洋舰后,敌军开始退出外海。而福州外河五虎门地区,涨潮时能通行,退潮时会搁浅,因此洋舰不敢驶入。……所以与洋寇之役,中国并非没有外援,也并非没有内助,只是无人担调度之责,反而让洋人出资抵挡中国,同时变良民为奸民,甚至诬陷义民为顽民。洋人近者沿海通商,鸦片收益俱增,而居住在定海和鼓浪屿的洋人,胁迫官吏,追捕逃亡者,残害人民,绸缪无桑土,不知何时是个头。”①

遗产的社会价值,如果就具体的建筑而言,在建筑形式设计方面,意指代表该建筑类型或该规模村镇建造过程,使用某种尺度的建筑材料;在材料质地方面,代表建筑或规模建造过程,使用某种尺度的建筑材料,用于室内设施等;在使用功能方面,有生命的建筑是环境发展及生活与服务设施之间关系的一种表现,是社区进

---

① 民国景十通本.《防海纪略》卷下.北京:中国国家古籍图书馆.

行的社会交往的一部分;在传统工艺方面,遗产建筑表现了使用某种工艺和技术的小规模的建造过程;就位置环境方面,建筑位置在环境发展中具有战略性地位,对当地社区而言,常作为正在进行的社会交往的一部分;就精神情感方面,建筑承载的群体记忆与集体认同,是公众情感纽带,常与事件或节庆发生关联。①

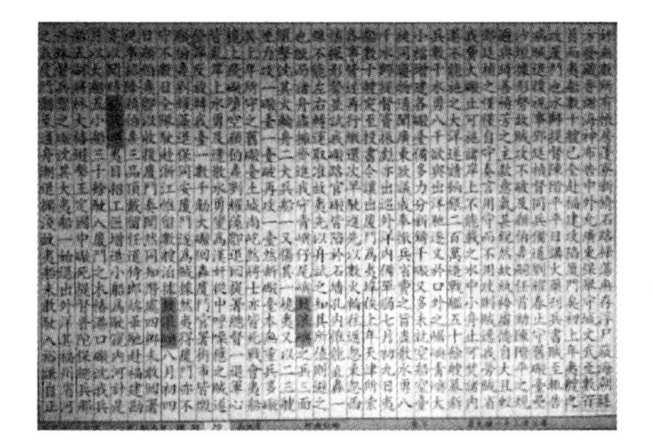

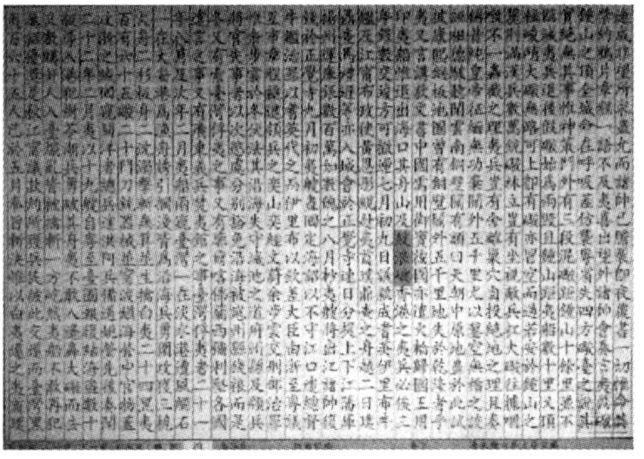

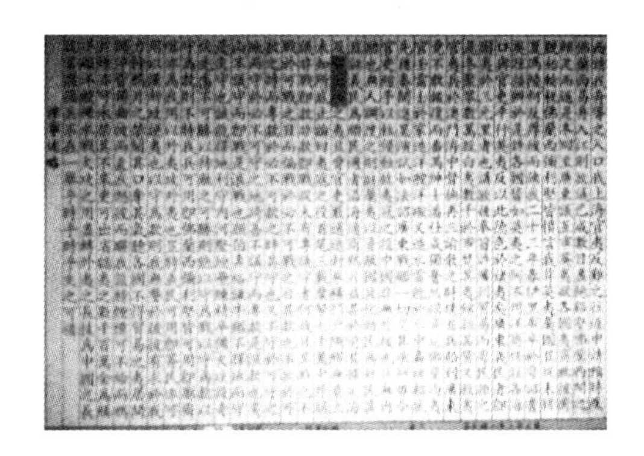

《防海纪略》卷下

以鼓浪屿的六座核心价值建筑为典型,更进一步的社会价值分析阐释如下:

八卦楼自 1913 年建成以来已有 100 多年的历史,它是台籍商人林家在鼓浪屿留下的珍贵建筑遗产。八卦楼由于本身的历史印记和形式上的纪念性已经成为鼓浪屿古往今来的地标;并且八卦楼本身折射了鼓浪屿 19 世纪末到 20 世纪初社会所发生的变革和西方文明植入给社会带来的价值观和文化上的变化。八卦楼目前

① Cody, Jeffrey, Fong Kecia eds. Built Environment[M]. Vol. 33, No. 3, Alexandrine Press, 2007.

作为展示馆,具有公共建筑的属性,必定会产生相应的社会价值。另外,八卦楼本身作为城市地标性建筑和城市主要印象元素,寄托了本土身份认同感和精神需求,从这个意义上说具有一定的社会价值。

吴氏宗祠在民国时期为吴氏家族的家族祭祀宗祠,1949 年后家族全体搬出,宗祠变为公有,现被租用给厦门工艺美术学院作为研究所用做漆画作品的临时展厅。宗祠的使用性质随着时代的变化发生改变,印证着历史的变迁。

原日本领事馆作为日本帝国侵略者在鼓浪屿上建造的总部,见证了鸦片战争至抗日战争中,我国人民反帝反侵略战争为保护家园作出不懈努力和反抗,这段历史有着特殊的意义。日本领事馆场地内可循的施建阶段应有三次,分别为主楼主题建造、警察署与附属便所及主楼侧翼增建、主楼侧翼的遮挡性增建及庭院局部翻新。这三次建设的痕迹及区分都在现场实物上保留可读的状态。在改造中,将会进行一些复原型增建物移除工作,而这将会是第四次具有一定规模和计划的建设改动。在此基础之上,希望整个建筑场地经受的年代痕迹与改造变化都累积其历时价值,并获得更长久的存世空间。

日本领事馆原作为公共建筑和政治外交建筑,具有较强的社会影响力和公众识别度。在时代变化之后,日本领事馆的政治功能被废除,但在展馆策划中,仍然保留了其公共性地位。同时,利用场地选址的优越可达性,将建筑功能转型和发展为文化教育型的公共建筑,开拓其公众参与度,增强活动性、流通性与文化商业气氛,最终应使其综合社会价值和影响力维持在较高水平。

而作为鼓浪屿历史风貌建筑保护开发再利用的典范,海天堂构历时两年、斥资千万元重新整修后依然保留原有的建筑风貌,而内部已赋予丰富的文化旅游功能,这里展示的中西合璧的建筑和文化吸引着来自五湖四海的游人参观,是上岛游客必到景点之一。同时海天堂构位于鼓浪屿中部建筑风貌区,离钢琴码头和鼓浪屿商业中心近,可达性好,沿途经过原德国领事馆、天主教堂、黄荣远堂、原日本领事馆等多处著名景点,将海天堂构与这些景点联合开发,可形成一个更大的辐射范围,激活整个鼓浪屿的活力。

不同的建筑类型,不同时期的建筑产品,都能一定程度上地体现当时的社会背景,它甚至能够与社会责任感相关联起来。海天堂构现在作为一个具有展示馆意义的建筑物,其社会价值是面对公众产生了一定的影响,如为公众提供了信息来源,以及激发了其思考,并培养其美学趣味,和博物馆以及别的纪念馆一样,为广大群众提供了鲜活的环境背景,对公众敞开。海天堂构对于鼓浪屿而言,具备着使这座岛更具吸引力的宗旨,面对现代电子传媒和物质文化的传播,正在普及到世界上的各个角落,而海天堂构提供的是一个让公众近距离地从建筑氛围中感受文化传承的契机,让公众在参与到这几幢建筑中时,可以在短时间内感受到这座岛的过去和现在,这便是海天堂构从一个传统住宅建筑经由改造成为现在的展示馆所具备的特殊意义,然而距离它在公众中发挥更大的作用还有一定的距离,与现在展示各方面的不完善有关。从三个阶段来看,海天堂构的社会价值是在逐步增强的,从具备私密性的住宅到对外开放的纪念馆,它慢慢在鼓浪屿全岛占据更重要的地位。

鼓浪屿与一系列影响中国文化开放和文化进步的本土精英、华侨、台胞及其相关作品、思想的产生有着直接联系。他们不仅是向西方社会介绍中国传统文化的早期尝试者,其相关作品突出地体现了东西多元文化共同影响;而且他们还积极参与当地和东南亚的政治、社会活动,对于该区域多元文化交流与融合具有重要作用,符合申报列入《世界文化遗产名录》的第六条标准。①

虽然,意大利对于亚洲以及中国的影响,并未以城堡或商业聚落的正式身份出现。然而,许多初到鼓浪屿的游客,会情不自禁发出仿佛身在意大利小城之中的感叹!可见,在文化的无形氛围之中,意大利对于城市文化与建筑遗产的影响是多么至关重要!

在那些欧洲国家纷纷发现“海外”奇珍世界的时代,意大利人却在默默地寻找着自身的曙光与内在的光芒。正是以那文艺复兴的新思想新理念,而征服了整个欧洲乃至世界。其中的建筑灵感与理念,是受到地中海古典建筑遗产的深深的启发。以此方式,许多人将地中海阳光之下的古典之美传播到海外。在城市规划上、总体形式上、建筑立面上、门窗细部上、在“东方地中海”的倩影,都是它的投射所至。这些文艺复兴的符号象征,无疑应该都是在所谓的殖民时代完成的,如今在鼓浪屿的许多建筑物上依然清晰可见。②

欧洲人对于远东的遥想,来自意大利旅游家马可·波罗笔下那如梦似幻的

---

① Jukka jokilehto, What is OUV? Defining the Outstanding Universal Value of Cultural World Heictage Properties, an ICOMOS study, www. icomos. de/pdf/Monuments_and_Sites_16_What_is_OUV, pdf.

② 梅青.中国精致建筑100:鼓浪屿[M].北京:中国建筑工业出版社.2015.

Cathay,一个现实与神话融为一体的国度。直到16世纪海上丝路贸易的发展以及葡萄牙人在澳门的落地生根,东西方的文化交流才沿着海岸线拉开并延展它的丝丝缕缕。16世纪末,随着在远东以罗马天主教传教士们的频繁传教,耶稣会所采用的特殊策略,最终消融了中国人由于长期以来的自我中心,或自大和自闭于西方世界的局面,原来东西方之间意识形态间的壁垒慢慢消融,明清两代,传教士们已经在朝廷中穿堂入室,参与朝政。这些精心培育和准备的罗马教廷的传教士们,或带来欧洲的宇宙天学、数学科学,或传授西方的艺术、宗教与文化,他们成为福音的传播者,从欧洲到中国,从中国到欧洲。传教士们回送欧洲的中国形象,是一个与西方文化完全可比的具有深厚文化和传统的国度;而他们带来的令中国人耳目一新的,是欧洲文化与科学的发展与进步。当宫廷中人或上层富裕人士把玩着欧洲制造的器皿时,也许并未意识到,早在明末清初之交,基督教传教士们就已经润物细无声地将传教使命渗透到中国社会的宫廷上层,最高级别的受洗天主教基督徒是明代末年的大臣徐光启。基于神学和道德的文化,以及与科学技术及艺术相结合的潜移默化,因而这批传教士在中国人眼里,被看作为西方学者。①

在遥远的意大利,有另一座"翡冷翠"花城,它与鼓浪屿曾经如此相像。弯曲的街巷与不期然的如画景致,不知是不是东西方匠人们的心有灵犀,还是意大利文艺复兴建筑艺术的源远流长。

意大利文艺复兴时期,正是基督教与人文主义的融合时期。当时认识到古典传统文化艺术,既是历史的一个重要的纪元,也是文化持续性与创造性的跳板。历史古迹遗址,无论是已成废墟或依然健在,都因其固有的建筑质量与艺术视觉而无上荣光,并因其历史的和教育的价值而激起人们对其建筑与历史的兴趣。而18世纪欧洲的启蒙主义时代与理性主义时代,在科学上的进步更伴随着日益增长的对于古典希腊和古典罗马的兴趣。18世纪也因为那些描绘古典及中世纪遗迹及田园的浪漫绘画和雕刻而兴起了"风景如画"的建造活动。② 18世纪,出现了为保护

---

① 北京市古代建筑研究所编.北京古建文化丛书——近代建筑[M].北京:北京出版集团公司;北京:北京美术摄影出版社,2014;爱德华·丹尼森(Edward Denison),中国现代主义建筑的视角与改革[M].北京:电子工业出版社,2012.

② Wim Denslagen, Romatic Modernism: Nostalgia in the World of Conservation[M]. Amsterdam University Press, 2009.

古迹艺术而产生的监护制度。意大利许多的大型博物馆与艺术画廊,正是将所收藏的艺术品转变为文化和自然遗产的功能场所。而许多的城市,都成为活生生的文化遗产,向整个世界开放,并主要通过世界遗产公约而得以表达。翡冷翠,即我们熟知的作为历史城市而于1982年被列入《世界文化与自然遗产名录》的佛罗伦萨,它以第一朵报春花——花之圣母大教堂(百花大教堂),象征着欧洲文艺复兴的花之盛开。15~16世纪,美第奇的时代,经济和文化空前发展,强大的家族因其对艺术的投资和推崇,对这座城市乃至整个意大利的文艺复兴运动起到了推波助澜的作用,因而翡冷翠名副其实地成为文艺复兴繁花盛开的摇篮。

在其巷陌纵横间,遍布着许多的博物馆、美术馆、宫殿、教堂、府第与别墅建筑。在这花之故乡,同样孕育了一大批如达·芬奇、米开朗琪罗、拉斐尔、提香、但丁等著名艺术大师,他们都是诞生在这座美丽的花城。

世界各地对于原住民和历史之地,史前和历史遗址,文化资源及对文化资源的管理等的关注与重视,正日益增强。我们这个世界,可以两分法简要地分为自然的与文化的环境。自然资源即是涉及自然环境,伴随人们利用、改变的同时,也正日益受重视并欣赏和享受。文化资源,是在自然世界中的人类相互作用或干预的结果。在最为宽泛的意义上,文化资源包含所有人性的表现:建筑、景观、文物、文学、语言、艺术、音乐、民俗及文化机构,这都是文化资源。文化资源常用来文化遗产的人文性的那些表现,在景观中物质地表现为场所。而文化资源管理,就是描述看护那些景观之中的文化资源的过程,在此解释为文化或遗产地。

遗产地在如下的文脉条件下存在:是物质景观的一部分,并且彼此联系十分紧密。这在绝大多数原住民的地方非常明显:贝丘因附近的海滩与礁石而存在;绘画或雕刻出现在适宜的石头表面上;人居之地更多地邻近水木丰盛之地。

2 鼓浪屿的物质文化遗产价值解析

在初始时期，物质文化产品——无论它是一个物品或一个场所——当被认作是“文化遗产”时，事实上已经是遗产创造或遗产生产过程的开始。无论是通过学术话语、考古发掘、社区运动、政治或宗教趋势，兴趣产生于对于物品或场所的质疑，由此也成为动力基础且其力量日渐加大。简单地说，历史建筑就是能够给我们一种非现时的奇妙感觉，并使我们想更多地了解产生这些建筑的人们以及文化。它具有建筑的、美学的、历史的、纪实的、考古的、经济的、社会的、政治的、精神的或象征性的价值。但第一次冲击却总是情感的，因为它是我们文化身份与连续性的象征，这是我们的遗产之重要组成部分。如果建筑的使用性已经克服各种危害而存活了 100 年，那么建筑物就可以被称为是历史建筑。[①] 从建筑被创造出来的那一刻始，通过其至今的漫长时日，历史建筑具有关于人与艺术的信息，这可以通过了解建筑的历史而获得。可以说，包围着一座历史建筑的是一种复杂的思想与文化，而这些思想与文化也反映在建筑之中。任何对于历史建筑的历史性研究，都应该包括对于作为委托人的甲方，以及他委托这项目的目的，以及对项目成功实现后评估与评价的研究；研究也应包括建筑兴建时期所涉及的政治、社会和经济方面，并且应该给予建筑生存历史向度上一系列事件。应该对建筑设计者的名字和姓名有所记录，更应该分析与建筑相关的美学原则以及构图与比例概念；还应该研究建筑的结构和材料状况：建筑物不同时期的建构或后来的添加，任何内在或外在特色以及建筑物周围的环境文脉等相关方面。如果建筑物所在为历史区域，还需要有一些考古的检查和开挖，因此当要规划一项保护项目时，需要充足的时间来进行如上的认识研究。

在一座历史建筑衰落的所有原因中，最一律或普遍性的原因是重力说或地心引力，接着是人类的各种行动，接着是各种气候和环境的影响，包括植物、生物、化

① Feilden, Bernard M. Conservation of Historic Buildings[M]. London; Boston: Butterworth, 2004.

学和昆虫等影响。人类所产生的危害是所有影响中最为巨大的。人为的衰落原因需要仔细评价,因为这是工业产品所带给我们富裕繁荣的副产品。人类所产生的危害实际上是最为严重的,只能通过远见以及国际合作来加以减弱。对于历史建筑忽略和无知,大概是人们毁坏一座历史建筑的主要原因,常伴有肆意破坏公物或者火灾事故等,有时发生纵火事件,常常令历史建筑遭受灭顶之灾。

建筑遗产是一种"文化产品",例如通过指定为一个历史遗址或者由博物馆收购,例如纽约大都市博物馆中收藏有中国的江南园林与皖南民居遗构。这一步骤,经常涉及个人或小组工作,例如策展人、遗产委员会等,他们会评价文化产品的重要性与意义。接下来是那些拥有或具有产品责任的人(包括藏品管理人、遗址地管理人、资产拥有者等)负责总体的管理。这可能导致一种干预或处置的计划,也可能没有计划以保护物品或一个场所的肌理,其中涉及保护者、建筑师、科学家等。而且,这也包含与社区和其他利益相关者所进行的磋商,或者是由政治家与投资人所做的决定。保护政策与实践遵循一系列的步骤,而每一步都涉及专业人士与参与者们一个单独的领域,经常在各个领域之间有微妙的相互作用。特别是,干预本身变成特别的非常明显的领域,绝大部分聚焦在遗产的物质方面,并经常忽略对以前的各领域的处置上的相互连通的视野。

2.1 万国租界的历史建筑遗产及其价值

1843 年后,厦门根据《南京条约》开辟为通商口岸。鸦片战争时期,英军曾占领鼓浪屿,《南京条约》后的五口通商,使海上交易变为公开合法了。从 19 世纪中叶开始,各国来厦门贸易日趋频繁,而鼓浪屿成为西方列强的首选居住地。日本在甲午海战后占领台湾,为避免日本进一步觊觎厦门,清政府决定请欧洲列强"兼护厦门"。1902 年,英、美、德、法、西班牙、丹麦、荷兰、瑞典、挪威、日本等国驻厦门领事与清福建省兴泉永道台延年在鼓浪屿日本领事馆签订《厦门鼓浪屿公共地界章程》,[①]由此鼓浪屿成为公共租界,次年 1 月,鼓浪屿公共租界工部局成立。因各国

① 《约章成案汇览》甲篇卷二·条约,乙篇卷十二·章程.北京:中国国家古籍图书馆.

势力以及口岸贸易目的,清政府认可鼓浪屿于 1903 年被正式划为公共租界,确立了多国共管的自治管理制度。

2.1.1 《南京条约》与《厦门鼓浪屿公共地界章程》

1)《约章成案汇览》乙篇卷十上章程

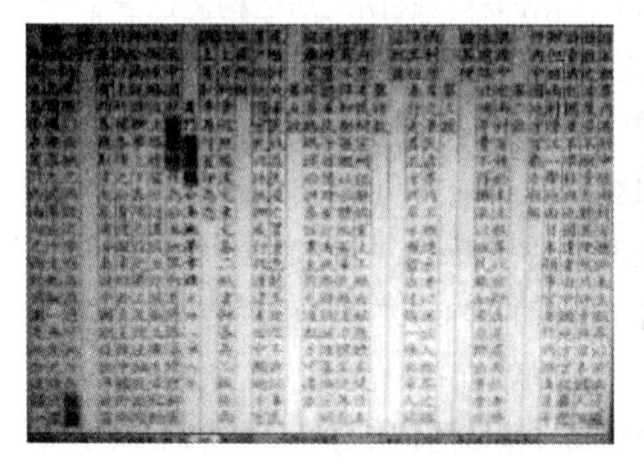

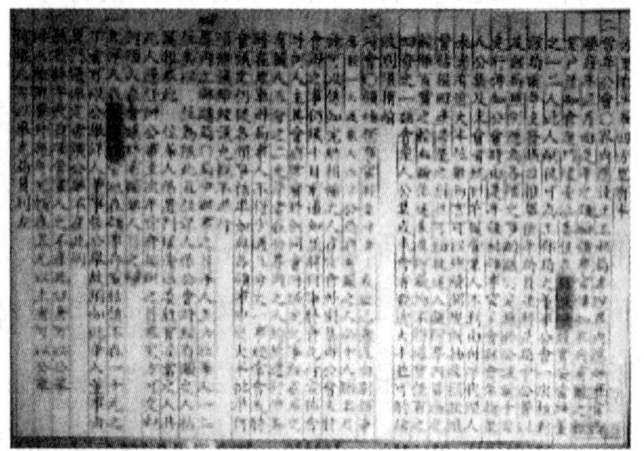

厦门鼓浪屿公共地界章程(光绪二十八年,1902 年)

兹因中国将鼓浪屿作为公共地界,内有应添筑修理新旧码头、道路、设立路灯、需通沟、设立巡捕、创立卫生章程。酌情给公局(官署)延请办事上下各项员役之薪工及设法抽收款项作为以上所开各项之公费,谨拟章程于左,呈候中国外部大臣与有约各国驻京大臣商妥,奏请中国朝廷批准谕旨遵行。

公地界限　公地之内,现定章程,各应遵守。地方系鼓浪屿一岛,围环潮落之处算出十丈，酌拟一无形之线周围为界。此岛系在厦门西南向之西，约周围有地合英国一方里有半，即华四方里有半。

常年公会　界内应设立工部局（市政委员会），专理界内应办事宜。历每年正月，由是年之领袖领事官传知界内有阄之租业户，并知会厦门道台，派委住在鼓浪屿殷实妥当绅董之一二人，此人嗣后可为公部局之董事，公会一次核对该局前年支发账目，推举值年局员，并将是局中公费以及该局照例应为各项之事酌议订定，应于公议前十日先行传知公会。时由是年领袖领事官主会，该会系众人会集及来会者统计有阄管业人不到由付字代理人，来者能逾大半位数，而言可以照续开规例，抽收捐款、照费估捐田产房屋之捐，并可抽收运入藏贮，界内货物之输，惟百货之输，无论系运来及贮藏，均不得过货值百之四分之一，该会众人公集或来会者数逾大半并可酌核抽收别项捐输。

特会　领袖领事官指当时者言或出己意，或由别领事系指一人或数人而言，公局与有阄之人，必十人联名片请可以传知完纳捐输之人，在常会外，别集办公会未特会办之事，仍须十日前通知并将何事特会先行宣布，会时何人主其会，与常会时例同会时议定之事，经在座之有阄人三分之二允准者，在公界内之人均应遵行，惟其时在座举办局事人不得少过三分之一，事经常会或特会议定，仍候各领事核准，如无各领事中之大半批准，何项条议虽经议允概不准行。

界内工部总局　局中办事之员，洋人五六位、华人一二位，公以□位为限，此五位洋人系公会时经有阄之人，拈阄推举，此位华人系厦门道台派委殷实妥当之人，共此人应任办公事至次年常会接办之员举定，方可交卸何项人在会议时有公阄举人员之权；

凡洋人在鼓浪屿管地，在领事存案值估不在一千元之下者，可以公举洋人董事，系公举故须如此，华人董事由厦门道派定，毋须公举不在此例；执有特字代前项管业人之不在此口者，可以公举；洋人除照费外，每年完捐在五元以上者，可以公举何项人员，可以举充局员列左；洋人有应管产业在鼓浪屿估值五千元之上者可以举充；

寓居鼓浪屿洋人，租捐每年纳在四百元者，无论该租系伊行伊会或公司代偿，均可举充惟同行同会同公司之内许一人举充，同居之屋者亦只许一人举充，局员缺出期内，遇有局董缺出，由值年局员公推补充，仍执三占从二之例，如遇有华董事出缺，仍由厦门道选允，凡局员举充后皆应即行办事，每年支销册报均于次年，常会者核办每年新举局员，应于首次会议时公举正局董一人、副会董一人，凡遇局中议事可否之人，平分则视正局董之议为可否，凡议事均以三人为众，可以作断，譬如二人可二人否而局董可则可者多一人，余类推，上文所用洋人二字系别中国人而言，凡中国人生长他国及入他籍而为他国人者均不得混入。

局员权分所能为之事照章将局员选定后，凡已经批准附入章程以后规例内，一切权柄势力并规例为议归局董，应办之事、应得之物均全给予公局，值年之董事及将来接办之后任该局董，有随时另行酌定规例之权，以便章程各项更臻完善，并可将已定规例随时删除增改，但不可与章程之旨相背，仍候批准宣示，方可施行其局董照章酌定之例，除专指局内及所用上下人等事件，必由厦门道与奉有约各国领事官商妥禀，蒙中国政府及驻京公使批准及特请众位执业租主齐集会议应允，方可照办。

局中员役　公局供役上下人等，如巡捕员丁等，公局可随时派委雇用以办章程应办各事所需，月支薪工由局核定，作正开销并可酌定规例，以便管束此等人，其任用辞退亦由公局作主，惟未经特会允准派委额缺均不逾三年。

追欠　倘有人不肯照付章程所定各项抽捐及不遵缴，后附规例内犯罚之款，准由公会或其总经理事人赴该管领衙门，控告查核情形随时酌办。

控告公局　公局可以告人，亦可被人控告，均由其总经理事人出名或径用鼓浪屿之工程公局字样亦可。凡控告公局及其经理人等者，应在西国领事公堂，此堂系每年由各国领事派定，惟局中派雇人员及总经理事人遇因在局奉公，被控者所应得责任只归公局之产业，不自任其咎。

租地　凡洋人转租地基，应赴各领事署报知注册之处，悉听历办旧章办理。

公业归由公局掌管凡界内现有马咱、码头、墓亭以及公局之地址房产，均由公局掌业，遇有推广增筑以上各项另需地段之处，准由公局与该业户议价购置，如管业之人不肯售卖，而公局又系因公起见，如另筑新路、修整旧路以及别项公用工程，保卫民生必需，其地可将案送特派领事公堂判定，倘该局实系因公起见，所事尚在情理之中，而又实无别地可换者，除传到人证问取供词外，应由公堂将所需之地址，按照随时所值，酌断地价由局照付，如其上有房屋亦一体，约定房价遇有此项，断归地址房屋其所馀之地，或因此而价有涨落，自应秉公妥议，公堂判定之后倘有不遵之处，由掌业及租户之该管衙门设法劝令，再次系专指公局需用公地而言，此外华洋商民产业，卖价值悉听业主自便，不得牵引影射凡道路码头非先经理巡厅允行由公局核准者概不得兴筑。

地租　鼓浪屿虽作租界，仍系中国大皇帝土地所有，地丁、钱粮、海滩、地租照旧由地方官征收转交该局贴充经费。嗣后如有新填海滩，应完地租，仍归中国地方官收纳，不允公局以定限制。

会审公堂　界内由中国查照上海成案，设立会审公堂一所，派委历练专员驻理，所属有书差人等，以资办公。该员应由厦门道暨总办福建全省洋务总局札委遇界内中国人民被控干犯捕务章程之案即由该员审判倘所犯罪案重大应由该员先行讯问，再行录送交地方官审理。界内钱债产等项词讼，如有中国人被控告，亦归该公堂审办案，经该堂断定必须内地及厦岛地方官饬令遵断之处，该地方官不得推诿，凡案涉洋人无论小节之词讼，或有罪名之案，均由该管领事自来，或派人会同公堂委员审问，倘会审之员与该堂承审之员意见不同，其案可以上控，由道会同该领事再行提审，凡案内人证有受洋人雇用，及在洋人地方者传拘，票钱均须先由该领事签字，方准奉往传拘，其馀该堂听理词讼详细章程，应由厦门道台会同各领事妥议订定以便遵守。

巡捕拘人　界内有人械斗、肆行无忌、扰乱地方，适为巡捕侦见，虽无奉有票文，亦准随时拘究。各国领事官有传拘各国人民之票，巡捕亦可奉行惟案犯拘传，应送各该管衙门按律惩治不得任意稍偏。

拘送人现逃入界内　凡在内地厦地犯案后逃入界内，应由厦防厅出票派差，送由领事官签押，方可由巡捕会同拘拿送案究治。

追缴规例内罚欠　凡违背后附规例内罚款各项，或不付执照费，公局均可立投该管官署，呈控该管官领属实，即饬犯例之人遵缴罚款，或存款充用，并饬将公局控追该犯人之讼费缴出，由局员酌量办理。至按此章及后附规例内一切罚款等项，均登记局内名下，细欠以备照章支用。

增改章程　此项章程如须增改或所载语意或给权势有疑惑之处，应由各国领事会同地方官商酌妥当，方好上陈各国钦使及中国，国家仍候各国钦使及中国，国家批准以昭慎重。

在公共地界章程前后，早已陆续有英、美、法、德、日等13个国家先后在岛上设立领事馆。大量的“殖民地风格”建筑出现，大量洋行兼各国驻厦门商馆兼领事馆。最初包括英国、美国、西班牙、法国、德国、丹麦、葡萄牙、奥地利、瑞典、挪威等国。这些领事馆除在贸易上占较大比重外，同时也是保护他们侨民的机构。至1903

年，鼓浪屿成为“万国租界”。

鼓浪屿建筑大事年表

建造时期、年代	发展过程、事件	建筑名称
Ⅰ:17世纪～1840年	1646年郑成功将鼓浪屿作水师基地；1820年后英国商人大量涌入厦门	日光岩寺；种德宫；黄氏宗祠；传统闽南大夫第；红砖四落大厝；郑成功相关历史遗存
Ⅱ：1840～1860年	第一次鸦片战争1840年厦门开埠	
1844年		英国领事官邸
1844年		英国伦敦差会住宅
1844年		廖宅
1845年		英商和记洋行
1846年		和记洋行仓库遗址，和记码头
1850年前后		西班牙领事馆
1850年		山雅各别墅
1850年		伦敦公会男校
20世纪50年代		林语堂故居
1858年		西班牙天主堂
1859年		榕林别墅
1860年		法国领事馆
1860年		厦门海关税务司公馆
Ⅲ：1860～1895年	第二次鸦片战争	
1863年		协和礼拜堂(原英国礼拜堂)
1864年		美国领事馆
1865年		厦门海关副税务司公馆
1867年		海关总巡公馆
1868年		厦门海关升旗站
1869年		大北电报局(兼丹麦领事馆)
1869年		英国领事馆

（续表）

建造时期、年代	发展过程、事件	建筑名称
1869 年		德国领事馆代办处
1870 年		英国副领事公馆，厦门海关“帮办楼”
1873 年		汇丰银行行长公馆，汇丰银行职员宿舍，林祖密故居，林氏府
1875 年		日本领事馆（1896 年翻建）
1876 年		万国俱乐部
1877 年		怀仁女子学校
1878 年		英国汇丰银行厦门分行
20 世纪 80 年代		毓德女子学堂，田尾女学堂，德记洋行
1883		厦门海关理船厅公所，灯塔管理员公寓司公馆，海关同仁俱乐部
1888 年		缉私舰长住宅
1889 年		养元小学
1890 年		比利时领事馆
1894 年		救世医院
Ⅳ：1895～1903 年	1895 年甲午战争日本占据台湾，大量台胞和华侨归国	
1898 年		救世医院及附属护士学校，英国英华中学；怀德幼稚园；吴添丁阁
Ⅴ：1903～1927 年	1903 年，英，美，德，日等十国驻厦领事与清政府代表签订《厦门鼓浪屿公共地界章程》	
1903 年		鼓浪屿工部局，洋员俱乐部
1905 年		会审公堂，福音堂
1907 年		厦门电话公司经营处
1908 年		八卦楼，闽南圣教书局
20 世纪 10 年代		中国银行，美孚石油公司办公楼

（续表）

建造时期、年代	发展过程、事件	建筑名称
1913 年		菽庄花园
1917 年		天主堂
1918 年		日本博爱医院，观海别墅
20 世纪 20 年代		黄家花园，黄荣远堂，瞰青别墅
1921 年		厦门电话股份公司，中南银行
1922 年		厦门电话电报公司（附设海底电缆）
1926 年		美国毓德女中
Ⅵ：1927～1941 年	华人力量崛起，华商从事房地产经营，投资私家住宅和公共设施	
1927 年		三丘田码头，黄仲训公馆，亦足山庄，船屋，时钟楼，仰高别墅，金瓜楼，美园，殷承宗旧居，西林别墅，东升拱照，番婆楼
1928 年		日本领事馆扩建（增设警察署和宿舍），私立宏宁医院，延平公园，延平戏院
20 世纪 30 年代		杨家园，观彩楼，迎薰别墅，汝南别墅，李家庄，海天堂构
1933 年		三一堂，春草堂，海关电讯发射塔
1934 年		美国安献堂（美华学校），博爱医院
1935 年		自来水公司
1936 年		“三一堂”落成
1937 年		荷兰领事馆
Ⅶ：1941～1945 年	太平洋战争爆发，城市建设停滞	码头区临时建设大量难民营
Ⅷ：1945～1949 年	国民政府接管鼓浪屿，近现代建筑史结束，进入当代建筑发展阶段，保持原有城市格局功能分布	私有住宅少量增加

2.1.2 鼓浪屿的17世纪～1840年的历史建筑

鼓浪屿岛上丘陵遍布，逶迤起伏，最高峰龙头山与厦门的虎头山隔海相望。虎踞龙盘，把守着厦门的进出港口。攀上龙头山顶峰的那块巨大岩石，你将会第一个沐浴在霞光里。人们因此将“日光岩”这个美丽的名字赋予给它。鼓浪屿素有“海上花园”之称。岛上生长着亚热带的奇花异果，珍稀林木。鸟语花香，风光旖旎。1573年，日光岩上首现石刻“鼓浪洞天”。因岛的西南端一个海蚀溶洞礁石而得名，每当海涛冲击，发声如擂鼓，礁石因名“鼓浪石”。1586年，日光岩上建了莲花庵。

鼓浪屿的莲花庵也即是著名的“日光岩寺”，因坐落在鼓浪屿的最高峰日光岩上而得名。明代正德年间(1506—1521)建寺，也正是西方世界地理大发现的航海时代，面对“全球化”的西风东渐，以陆九渊和王阳明发展出来的“陆王心学”，一方面主张“心即宇宙”以及“心即理”，断言天理、物理、人理皆在人心。正德皇帝明武宗精通佛学与梵文。内忧与外患，天风与海涛，日光岩上极目远眺是无边的海洋，依山而建的莲花庵，因荷花的根茎多种植在池塘或河流底部的淤泥上，荷叶浮出水面，花色从雪白、黄色、淡红色、深黄色、深红色，莲子千年不衰，繁殖力旺盛，正释出了人们期待鼓浪屿出淤泥而不染的心性。万历年间(1573—1620)冬再次修建，直至清同治年间，增建圆明殿、弥勒殿、八角亭。近代以来，接受海内外信众捐赠，翻修了大雄宝殿、新建了山门、钟鼓楼、平台、法堂、僧舍、膳堂，历代僧人络绎不绝于此，弘一法师李叔同曾在此闭关坐夏数月，写作观音菩萨正文，以岩壁镌刻铭志。①

鼓浪屿的历史，正是伴随着福建的海疆史而发展起来的。与郑成功的海上浮沉更是密不可分。郑成功海上称雄，1646年将鼓浪屿作为水师基地，1650年在日光岩安营屯兵，操练水师，抗拒清兵。如今，日光岩上尚存有当时建造的水操台、石寨门、拂净泉等故址。这些都是与郑成功相关的历史遗存。

---

① 梅青. 中国精致建筑100:鼓浪屿[M]. 北京:中国建筑工业出版社,2015.

日光岩寺的山门与建筑群

鼓浪屿景

日光岩寺

鼓浪屿景

日光岩寺

鼓浪屿景

根据《小腆纪传》(卷三十八列传第三十一)记载，成功，南安人，姓郑本名森，郑芝龙娶日本女人所生之子。天生异表，郑芝龙引他拜见隆武帝，皇帝见到他很高兴，赐国姓并改名成功。任命他为典禁旅侍左右辄，以驸马都尉的体制尊宠他，从此朝廷内外都称他为国姓。丙戌年春(三月)，被册封为忠孝伯挂招讨大将军印。福州被攻破时，母亲死于乱军中，他号哭哀痛不能自已。后来郑芝龙降于清廷，郑成功泪述劝诫父亲无果，父亲北上，成功与他的门客还有部下乘坐巨舰入海招收余众几千人，占据南澳驻扎，这时候监国鲁王在海上颁布下年新历，成功借口因为唐鲁两王的昔日恩怨打算不奉行此历，而且也没有听说其在粤即位之事。丁亥年(十月)皇帝下诏，听从前大学士路振飞曾楼之的建议，隆武四年五皇子继承大统，永历帝继位。于是郑成功回到南澳，停靠在鼓浪屿，攻打海澄，之后与叔父鸿逵合攻泉州，败守将赵国祚退于桃花山，之后再攻克了同安、漳浦。戊子年秋(七月)，派遣中书舍人江于烁、黄志高上奏朝廷封为威远侯。己丑年春，在云霄诏安驻军分水关。己丑年秋(七月)派遣使者到台湾岛封为广平公。庚寅年(五月)讨伐碣石镇总兵苏利不。①

根据《民国通古博今》(得数楼杂抄)记载，郑成功据台湾泉州南安人，郑芝龙初为海贼娶倭妇生子小名森。唐王称帝于闽，其龙有力焉遂专时柄引其观王。王奇之，赐周姓改森名曰成功封忠孝。大清兵南下，其龙降而成功不顺命与其弟袭某乘舟入海。收兵南澳，得数千人。顺治丁亥闻永明王由榔立于肇庆。成功遂归自南澳泊舟鼓浪屿攻取厦门金门二岛，据之二岛皆属同安县。②

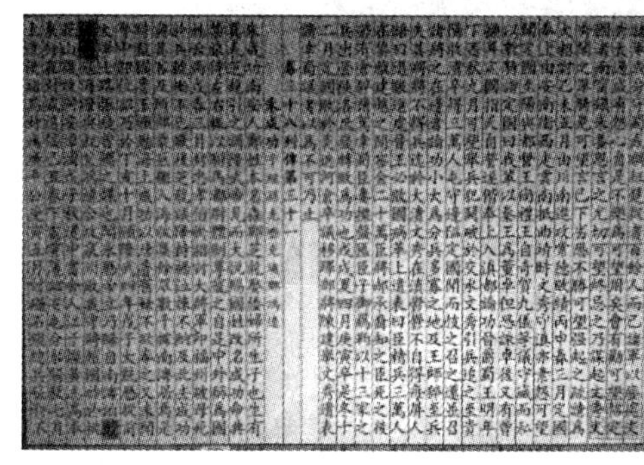

《小腆纪传》(卷三十八列传第三十一)

《民国通古博今》(得数楼杂抄)

① 小腆纪传(卷三十八列传第三十一). 北京:中国国家古籍图书馆.

② 民国通古博今(得树楼杂抄). 北京:中国国家古籍图书馆.

而郑成功在鼓浪屿周边乃至台湾海峡与福建海疆留下的斑斑史迹，包括军事航道、遗迹及文物等，其历史价值在于以物质形态反映了不同历史时期、不同海洋地域、不同形式的政治、经济、文化活动。包括遗迹、遗址、遗物等在内的历史文物，无疑是历史人文资源中最宝贵的财富。针对鼓浪屿岛的文物普查工作已经全面展开，有关岛上的历史文物的类型、数量、现状等基本要素，初步具有完整、确切的统计数据，从文献记载以及相关物质遗存遗迹、遗址遗物来看，类型相当丰富。直到1647年，郑成功终于在鼓浪屿上设置了军事堡垒。史籍称："当是时，海舶不得郑氏令旗不能往来。每一舶列入三千金，岁入千万计，芝龙以此富堪敌国。"1622年，被称为"红夷"的葡萄牙人进犯厦门，被成功阻止。1623年秋季，葡萄牙人又进犯厦门，又被击退。1630年，这些葡萄牙人以更大规模的船队进犯厦门，遭到郑成功的强烈反击，并烧毁了所有船只。屹立在鼓浪屿东端的郑成功雕像，仿佛还在检阅他庞大的海上船队。

在鼓浪屿岛上的郑成功塑像

除了日光岩寺，鼓浪屿还以拥有民间历史上的种德宫寺庙与宗祠而自豪。庙宇与宗祠具有浓重的闽南地域性与民族性；与比邻的种德宫一起，宗祠在鼓浪屿成为闽南传统地域建筑的代表，也是保存和展示闽南传统文化的载体。与民间庙宇相比，宗祠更加严肃与朴素。与传统闽南大夫第及红砖四落大厝相比，种德宫及宗祠更具民俗色彩，在鼓浪屿"万国博览"的称号中成为中国古代地域建筑的代表，成为保存和展示闽南传统文化的载体。

鼓浪屿洞天

鼓浪屿洞天

由上至下，鼓浪屿的原始景观——民间庙宇

2.1.3 1840～1860 年鼓浪屿的历史建筑

第一次鸦片战争后，鼓浪屿这美丽的岛屿沦为“万国殖民地”。

英国领事馆遗迹。1869 年设馆。此建筑完成于 1876 年，用红砖、条石装饰窗楣、门楣。地上为二层，地下为一层。几年前的一场大火，焚毁了这座建筑，仅存部分遗迹。

在鼓浪屿的德国领事馆

2.1.4　1860～1895 年鼓浪屿的历史建筑

1864 年,美国领事馆在厦门鼓浪屿设立。这个年代也是各国领事纷纷设立领事馆的时代。1869 年,丹麦也在此设立了大北电报局兼领事馆。随即有日本设立领事馆……直至 1890 年比利时也在鼓浪屿设立领事馆。这些领事馆建筑,一方面反映了各国当时的建筑潮流和风格,同时,也为适应闽南的文化而进行了适当的调整,因而出现了折中主义风格的建筑外观。这里所说的折中主义有两个层面上的含义:19 世纪的英国、美国等西方国家,以模仿古希腊、古罗马及东方情调或文艺复兴风格与巴洛克风格为主要建筑设计思潮的集仿主义或称折中主义是主流;当这些建筑风格输入鼓浪屿后,为适应鼓浪屿的气候及地形状况以及习俗与生活方式,很多建筑采用了中国式的装饰细部,形成了中西折中的外廊式的建筑外观。从这些外廊式建筑外观来判别,我们姑且将之称为"殖民地风格"。

在现存的英国领事馆、美国领事馆、日本领事馆等几座早期殖民地风格建筑中,我们可以看到,这些建筑物临海布局,造型简朴,体量不大,由于是闽南工匠用本地的砖、石、木材建造的,虽然是西方的样式,却有明显的地方做法。当然,不同国家的建筑也有不同的风格表征。

鼓浪屿天主教堂　由西班牙人设计。与西方的教堂相比，体量小，造型相对净化。每逢周日，吸引着众多的天主教徒

美国领事馆外观　1864 年美国在鼓浪屿设馆，此建筑是 1930 年在原址上进行翻建的。历次装修，外观有所变化。现为宾馆。（摄影，梅青，1987 年夏）

荷兰领事馆局部　此建筑同时作为荷兰安达银行办公用房。这是早期"领事馆兼商馆"的实例。此建筑为砖石结构，建筑外观及细部都具有西式风格特征。（摄影，梅青，1987 年夏）

英国领事住在鼓浪屿南部的一个悬崖上，副领事居其下，离悬崖不远有“印度祆教徒”的墓葬。美国和德国的领事也住在岛上，他们的公馆和协和礼拜堂之间是外国公墓，范围约有一英亩，四周有围墙。每逢星期天，圣工会和长老会轮流由传教士在协和礼拜堂做礼拜。鼓浪屿因拥有一座俱乐部而自豪，它是一个令人艳羡的机构，主要有居民出资建造，还有赛马会、板球和草地网球的俱乐部，均由社团领导者和共济会的两个头目组建。

19 世纪，作为中国对外五大通商口岸之一的鼓浪屿有着 13 个外国领事馆，留下教堂、西式建筑、学校、家庭音乐会……让这座小小的海岛成为西方文化的汇聚地。这些建筑遗产，已远非单纯的物理实在，而是充满情感意味的审美意象了。随着时间的流逝，这些建筑遗产之“象”的独特性在于它可以通过实体形态直观地呈现和展示曾经的美感。

西方的传教士们给鼓浪屿带来了很大的影响。他们带来了教堂、医院和学校。最早建于鼓浪屿的教堂是协和礼拜堂，建于 1863 年，这是早期基督教堂的典型。巴西利卡(Basilica)式的平面布局，纵长的内部空间由两排柱廊划分为三个纵向空间，中间宽，两侧窄，祭坛在东方，正门朝西。另一座天主堂，则是西班牙人在鼓浪屿兴建的。从外观看，是哥特式教堂的形式，正立面一对高高的钟楼，中间夹着玫瑰花窗，内部采用拱券和束柱的做法。唯一不同的是，由于地处鼓浪屿特定的地理环境，决定了此教堂采用按比例缩小体量而区别于西方高大的教堂。

在不远处，是一座新教堂——基督教圣三一堂，建于 20 世纪初，平面为正十字形，四个立面基本一致，严格按照古典的建筑模式。教堂的屋顶采用当时十分先进的钢骨穹隆顶，它出自中国的土木工程师之手。此外，还有分散在鼓浪屿各处的教堂，为适应当地文化而采用中式外观及细部装饰。直至今天，每逢星期日，各教堂都有祈祷仪式。鼓浪屿的教徒，始终是全国各地教徒人数比例之最高者。①

---

① 梅青.鼓浪屿近代建筑的文脉[J].华中建筑，1988(3).

鼓浪屿圣三一堂(平面为正十字形,四个立面几乎一样。屋脊正交处设计有内部为钢骨架的穹隆顶,出自中国设计人之手,在当时的鼓浪屿,其结构技术是十分先进的。)(摄影,梅青,1987 年夏)

基督教圣三一堂外观完工于 20 世纪初。立面为古典形式,山花及檐口均采用西式做法,所用建筑材料为闽南盛产的红砖。

传教士们还兴建了教会学校，有小学、中学，也有专设的男女分校。这些教会学校的建筑大多采用不同于其他建筑的材料，以区别于别种类型的建筑，多为粗质暗红色毛面砖，造型古朴、厚重，外观不做刻意的细部处理，体现着庄重和威严。教会医院建筑，同样以统一的风格和朴素的材料而区别于其他类型的建筑。

早期传教士兴建的教会学校(那时的教会学校建筑，普遍采用粗质暗红色毛面砖，区别于鼓浪屿其他类型的建筑用材。造型古朴大方，并运用了中国建筑的屋檐符号。)(摄影，梅青，1987年夏)

此外，早期殖民者还建造了大量的离宫别馆、私家别墅以及娱乐场所，专供他们居住生活及社交活动。这些早期的殖民者们代表各自所在国的利益，兴建的建筑代表各自的风格。同时，为适应鼓浪屿的自然气候而设计建造的各类型建筑，风格多样，语汇丰富，使鼓浪屿较早打破了闽南地方传统建筑风格而容纳接受新的类型和新的风格——殖民地风格。

一般说来当地居民对外国人是客气的，白天和夜里随便在鼓浪屿走走是安全的。有外国社团支付费用，所以鼓浪屿的马路修筑得很不错，1878年，鼓浪屿成立了道路和公墓委员会(Gulangyu Road and Cemetery Fund Committee)，全部由在岛的西方人组成，主要负责修建道路、路灯、洋人墓地等的建设，并逐渐在工部局时期发展并完善。在道路委员会的管理下，早期的主要道路将鼓浪屿划分为10个地块，分别在不同的历史时期、社会经济背景下产生、发展出极具特色的城市肌理、空间形态和建筑形态。已经可以用环岛步行来做有利健康的以小时计算的锻炼。

作为居住地,鼓浪屿有许多优势,因为有微风从四面八方吹来,鼓浪屿要比中国其他港口更有益于健康,它唯一的不足之处即偶尔会有台风。由于社交界有限,几乎没有女士们涉足其间,因此鼓浪屿不像是一个社区。太平洋战争,又惨遭日寇的铁蹄。1949 年后,鼓浪屿才又回复宁静。直至今日,有"万国建筑博览会""钢琴之岛"之美称。

2.1.5 1895~1903 年台胞与华侨的历史建筑

台胞与华侨是鼓浪屿上一支重要的力量。最多的华侨是菲律宾华侨。其中,著名的李清泉先生(1888~1942),被认为是菲律宾华侨史上最伟大的领导人。李清泉,1888 年生于福建省晋江的金井镇石圳村。村里的百姓借助于东临台湾海峡的便利条件,出海寻求生机。据《石圳李氏四房家谱》的记载,从第 11 世起,世系中一直有人去台湾。而在第 13 世中,有 10 人离开村子去谋生,其中 9 人去了台湾,1 人去了菲律宾。这位冒险者,就是李清泉的高祖辈。自此,李氏家族开了移民菲律宾的先河。李清泉在 14 岁时,随父亲去菲律宾。其祖辈在菲律宾所发展的小型木材行,为清泉后来在木业的发展上奠定了基础。①

早在 1565 年,西班牙殖民者占据了菲律宾,并开始了马尼拉大帆船(Manila Galleon)的横渡太平洋的美洲与亚洲贸易。当与中国的贸易开始时,加剧了早已在菲律宾的福建商人与贸易者们不断以血缘家族的形式,将祖地的族人迁引出国。直至 18 世纪中叶,欧洲的自由放任主义,主张开放所属的殖民地,解除对工商业的限制。李清泉的高祖辈、福建泉州石圳村的李彼柿,就是在这个时期从福建到达菲律宾,从当西班牙统治时期的劳工到经营小商店并从事发展贸易的。直至李清泉,已经是李家在菲律宾的第五代了。当时,菲律宾与福建之间的移民,往来穿梭,络绎不绝。

李清泉幼年在美国驻厦门鼓浪屿创办的同文书院接受教育,美国人任书院院长,全英文教育。1901 年随父亲到菲律宾自家经营的"成美木业公司"学习经商。1902 年,父亲将李清泉送往香港圣约瑟学院(Saint Joseph)继续深造四年,学习到

---

① 李锐.菲华丛书(6)——李清泉传.于以国基金会出版,2000.

了香港进行现代化都市建设的相关经验，并把握了时代的脉搏，这为他之后在马尼拉扩展商务，创办银行，在厦门填海筑堤，制定铁路开发宏伟计划等的市政建设，埋下了勾勒宏伟蓝图的伏笔。

在美国接替西班牙政府统治菲律宾并进行大规模建设时期，李清泉富有远见地开拓实业，对家族的传统木业公司进行革新改造，而由此建立了华侨在菲律宾的木业王国。他顺应历史潮流，实行机械化生产并扩大规模。随着菲律宾大批木材出口到国外，因此而成为菲律宾的“木材大王”。心系桑梓，他不仅以实业救国，而且在家乡留下了美丽的“李清泉别墅”。①

李清泉别墅，又名“容谷别墅”，因院内百年榕树与整座建筑如山谷打造一般的雄伟而得名。别墅坐落于鼓浪屿的龙头山脚下(又名升旗山)，今天的旗山路 7 号。这座被称为升旗山第一楼的别墅，是李清泉于 1926 年兴建的。

李清泉别墅，又名“容谷别墅”。别墅坐落于鼓浪屿的龙头山下，掩映在葱郁的南洋杉树丛中

① 李锐. 菲华丛书(6)——李清泉传. 于以国基金会出版，2000 年.

李清泉别墅(园亭,这是清泉别墅花园树木丛中的亭子)

李清泉别墅(清泉别墅的石栏及以植物图案形成的雕刻)

李清泉别墅，门廊（摄影，梅青，1987年夏）

李清泉别墅，清泉别墅客厅
客厅照片 清泉别墅客厅中所悬挂的李氏家族照片，左数第二位是李清泉的照片

李清泉别墅，门廊（摄影，梅青，1987年夏）清泉别墅前的门廊 以四根巨柱构成了入口立面

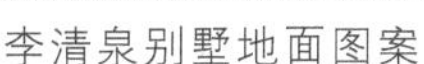

李清泉别墅地面图案

李清泉别墅门厅

依山面海，别墅与鹭江对岸的虎头山隔江相望。建筑为三层，以通高的巨柱式形成别墅的立面，柱体柱面有剁斧凹槽，柱子采用了爱奥尼式柱头。建筑外墙由红色清水砖密缝建造，而连接三层的通高巨柱由石头建造。建筑的窗和门均装有木百叶，双层玻璃，局部用彩色玻璃，外包木制的门框、窗框。房屋的楼板和天花以及家具都是木制的，由菲律宾输入。因为李清泉在菲律宾的木业公司当时正处于发展的顶峰，因而，李清泉兴建的这座别墅的很多结构性和装饰性构件都是开采于菲律宾的森林。有些木材质地优良，来自百年以上的菲律宾列岛的优质树种。

别墅每层均有套间，大厅宽敞，大楼装修材料均为来自菲律宾的名贵木材，大片铺装楠木地板。厅外设有宽廊，可以纳凉观景。前面是一座中西合璧、人工组景的花园。园中设计有西洋园林中常用的水池和喷泉以及中国式的假山。园中小径铺筑着各种花岗岩卵石，拼成各式各样的图案和文字。花园内植南洋杉五棵，栽植绿化并修剪整齐。假山建有中式和西式亭子两座，休闲其中，可俯瞰滔滔鹭江东流。

除这座清泉别墅外,李家庄是另一座建于 20 世纪 20 年代的别墅。这座别墅是为李清泉的父亲和兄弟兴建的,选址于幽静的漳州路旁,虽为西式的别墅,却是由闽南工匠们将古典希腊柱式地方化,柱头的各种浮雕植物花卉,形成独特的地方色彩。中国式的门楼上题示为"李家庄",这依然反映了中国民间以家族和宗族为核心的居住特色,并且与林语堂和马约翰的故居比邻。

另一个家族色彩浓郁的别墅群是杨家园。杨家园是由菲律宾华侨杨启泰、杨忠权和杨在田等共同兴建的。杨家园的想法和设计据说来自侨居菲律宾马尼拉的杨氏先贤。这一别墅建造的全部经费和部分材料来自菲律宾。杨氏家族曾在清朝末年从福建龙溪县移民至当时在西班牙统治之下的吕宋(今菲律宾)。因为在 19 世纪的后期,吕宋西岸的各口岸因为兴建和修复天主教堂的需要,向闽南招募了大批的石匠、铁匠和其他工匠。这种局面及随后的第一次世界大战使铁匠杨在田的生意兴隆并发展成为菲律宾首屈一指的"杨氏铁业公司"。在杨在田即将进入不惑之年的时候,他听从了一个算命先生的劝说,于 1915 年从菲律宾的马尼拉回到了厦门。他为杨家园的兴建出谋划策,与杨忠权和杨启泰共同建造了这座杨家园。他们先在鼓浪屿笔架山向英国差会购买旧房,在此基地上兴建了新的西式别墅。工程由闽南工匠阿全承建,建筑依据图纸建成。①

杨家园别墅外观

杨家园别墅的宽敞门廊和露台
(摄影,梅青,2001 年夏)

① Mei Qing. Houses and Settlements: Returned Overseas Chinese Architecture in Xiamen, 1890s—1930s[D]. UMI. Michigan, USA. 2004.

整座别墅包括四座独立的建筑，最终落成于20世纪30年代。这四座别墅，由一座大的花园环绕着。所有四座建筑均由红砖和石头建造。杨家园的四座建筑，每一座都由主楼和配楼组成。四座主楼都由宽大的门廊构成主要的建筑立面，柱式均为科林斯式，其中三座是矩形和方形平面，另一座由于靠近路边，而采用不规则的平面形式以适应既成的道路事实。这座建筑的底层建有地下层和防弹室，从底层至顶层的层高划分逐次递减，外观犹似意大利文艺复兴时期的府第外观与立面的划分。每座别墅都分工明确，主楼包括客厅及卧室，配楼包括佣人房、厨房及厕所。主楼和配楼之间或以廊道相连，或以院落相连。院内专设一小门和通道，供佣人出入。从这些别墅的外观，我们亦可以从设计及用材方面来判断主楼与配楼之间的分别。这种空间划分方式，也许取自他们在南洋所见的生活方式及空间的分配方式。杨家园有一套设在顶层和底层的水池，蓄积雨水。院内还挖掘了水井，当年，岛上没有自来水，这套供水系统用于自给自足的别墅供水。当来自福建龙溪的杨家四兄弟搬进这座新近落成的别墅后，他们同时将闽南家族式的生活也带进这座西式的别墅中。通过将别墅以院墙和门楼的方式相分隔，使这四座别墅各有花园和门楼。这颇似家族兄弟之间分家后的居住方式。

除李清泉别墅和杨家园外，还有许多南洋华侨建造这些别墅具有中西建筑结合的特色。这些南洋华侨不但在东南亚目睹和经历了荷兰、西班牙、英国等欧洲殖民主义者统治下的生活，而且耳濡目染地受到西方文化的熏陶。在他们致富以后，生活方式和居住方式上都产生了变化。从他们择地建宅以及他们建筑形式风格的选择上都有所反映。

杨家园别墅的露台

客厅内中式的落地罩和陈设
（摄影，梅青，2001年夏）

杨家园的门楼之一
（摄影，梅青，2001年夏）

杨家园的门楼之二
（摄影，梅青，2001年夏）

从清末到20世纪20年代，很多东南亚的华侨回到故居地厦门重建家园。在清朝的光绪年间，厦门华侨通过捐钱买官而获得了较高的地位。黄志信(1835～1901)在清光绪七年(1881)的时候，因在印度尼西亚的三宝垄制糖业绩，捐官为“中宪大夫”。1890年，他将在三宝垄“建源公司”的业务转给他的儿子黄仲涵(1866～1924)，回到厦门并定居鼓浪屿。还有很多华侨从清政府捐买官衔，邱正忠和他的儿子邱菽园买了如许多的官衔，如“花翎盐运使”“光禄大夫”“道台”等。华侨因为推翻清朝统治所贡献的力量而被孙中山誉为“革命之母”。1921年，孙中山在有关中国发展一书中写下了他关于现代中国的若干主张。在他对于中国之理想感染下，海外侨胞们踊跃回国投资。先后有大批著名的华侨实业家投资鼓浪屿，兴建了工厂、自来水公司、电灯公司，铺设了海底电缆，兴建了码头，铺筑了公共道路，开发商业街道并大量投资房地产业。著名华侨实业家黄奕住,以家族公司“黄聚德堂”的形式,在鼓浪屿及厦门开发投资金额达 200 多万银圆,拥有大小屋宇 160 幢,建筑面积 4.1 万平方米,并独资开辟了鼓浪屿的街道。至今这条街道依然是繁华的商业街。

这些归侨大多是祖籍闽南一带外出谋生的华人,足迹遍及东南亚各国,远至南、北美及太平洋诸岛。他们吃苦耐劳,终于拼得了自己的产业。最初回来的是一些在南洋经商的华人,其中著名者如黄文华、黄秀烺、黄仲训、黄奕住、李清泉、黄念忆、杨忠信、杨忠权等。他们致富后一心要回故土光宗耀祖,报效亲人。鼓浪屿是这些华侨居住密集区,岛上的建筑,70%以上是他们兴建的。他们首先是兴建住宅以供家庭生活之用。这些住宅也用作家庭机构或投资公司。此外,还兴建了很多为百姓造福的公共事业类建筑。很多华侨选择吉址,或推倒自家原来的祖屋或原来外国人的旧宅,建造了一幢幢华丽的住宅。这些建筑更大程度上是对他们在南洋所见、所感的建筑的追忆与回味。很多建筑是三层楼或四层楼,有些是西式的,有的甚至像座宫殿。大量的建筑则是掺有中西构件的折中做法。建筑物前常配有庭园小品、门楼、院墙,很多建筑完全是西式的外观,却加一个中国式的大屋顶。可以看出这些华侨对于中西两种文化兼容的态度以及追求尽善尽美的理想主义倾向。这种亦中亦西的建筑风格,确定了鼓浪屿建筑发展基调,也是之所以形成如今鼓浪屿建筑总体格调与环境氛围的原因。

全岛当时最豪华的别墅,就是华侨实业家黄奕住别墅,即现今的鼓浪屿宾馆。黄奕住在 20 岁时离开闽南故土去爪哇谋生,由于聪明勤奋,成为爪哇的四大糖商之一。1918 年,他回到鼓浪屿,买下了“洋人球埔”以南的英商产业,建造了这座别墅,别墅分为南、北、中三馆,前面有宽大的场地。整组建筑建于 2 米高的台基之上。三个建筑物均为二层建筑,以中楼为中心对称式布局,楼前有宽大的庭园,植物呈几何形修剪过的造型,亦有喷泉、雕刻及小品点缀园中,完全是西式做法。这处黄家别墅占地大,耗资巨,豪华无比,在当时压过了任何一座洋人别墅。普遍认为这是华侨要与洋人一比高低的普遍心态的反映。一些华侨是单独兴建住宅,另一些则是合伙兴建别墅。黄秀烺与黄念忆所共同兴建的“海天堂构”就是一组由五座楼组成的一个大宅院,院门是地地道道的中国式做法,院内的四座配楼为西式做法,而中间的主楼完全采用中国传统式庑殿项,中间一座外廊式建筑结合中国式屋顶的大型别墅曾经被用作黄氏祠堂。在建筑材料方面,

黄奕住别墅(今鼓浪屿宾馆)

鼓浪屿黄家别墅。这是鼓浪屿最具规模的别墅。由一座主楼和两座辅楼及宽敞的前后院组成。照片中为主楼,环境幽静、室内豪华,成为有家居气氛的"鼓浪屿宾馆"。(摄影,梅青,1987年夏)

以砖石材料为结构来仿造中国传统式的梁架、斗栱。这也许同样出于与洋人抗衡的心理。同样，许多西式的建筑上压上一个地地道道的中国式大屋顶。美国人毕菲力(P. W. Pitcher)在他的《厦门方志》(*In and about Amoy*)一书中形容这是华侨由于在海外饱受奴役之苦，因而在建造房屋时产生了一种极为奇怪的念头，将中国式屋顶盖在西洋式建筑上，以此来舒畅他们长久受到压抑的心情，为华人扬眉吐气。

海天堂构正立面图

海天堂构背立面图

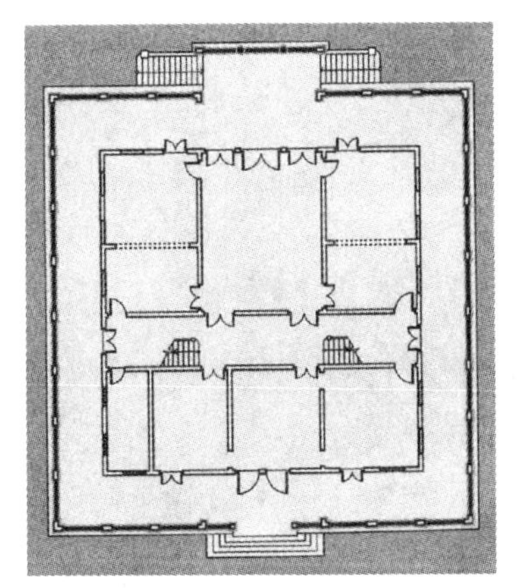

海天堂构平面图

"中国式"大宅的门楼细部，以石材模仿木构件，做成斗口、雀替等形式

“中国式”大宅的外观(全部采用砖石结构来模仿中国传统的木结构形式。两侧的配楼为西式做法。整组住宅群有五座单体,以门楼及“中国式”大宅组成中轴线呈对称式布局)

“中国式”大宅的院门(它与主体建筑形成一条中轴线,是按照中国传统的风水定位。用砖石结构来模仿木结构的形成,是出自乡土匠人之手)

另外,很多华侨别出心裁,在外观上刻意标新立异,有的模仿西欧中世纪城堡风格,有的以拜占庭式或其他形式的穹隆造型装饰屋顶,有些门廊以高大的古罗马柱式或巨柱式、双柱式的处理来夸张立面,由此不难看出他们炫耀财富、炫耀见识的心理。

林家公馆(从这座华侨住宅不难发现,整个建筑的封闭造型,有模仿欧洲中世纪的城堡风格,反映了华侨求新、求异心态。图林家公馆外观。建筑醒目,主要运用色彩强调了其立面券柱及檐口的处理手法)

在20世纪的二三十年代,厦门一带还没有专业建筑师队伍,这些华侨的房子,大多是请国外的建筑师或土木工程师设计,有些则是直接从书本上套用现成的图样而由工匠们稍加改造而成。另有一种则是由学成归国的建筑师设计,但这后一种情况是屈指可数的。据史料记载,目前只知道留学美国费城的建筑师林全成,他在鼓浪屿多处留下了手笔。他所设计的几所别墅,如殷家别墅,有别于其他华侨所盖的别墅。这幢房屋体量不大,朴素无华,外形自由舒展,立面富有节奏和韵律,完全依照地形地貌条件和功能而设计,似乎是随意地生长在那里,不哗众取宠,不与别人一比高低,完全依据自身的条件存在着,自有一番高雅的品位和神韵。

值得一提的是,后来陆续兴建起来的一些公馆和别墅,也是华侨姻亲、宗族关系的直接体现。它们在外观上有统一标志,统一材料、颜色,甚至有时是完全相同的造型。

观海别墅

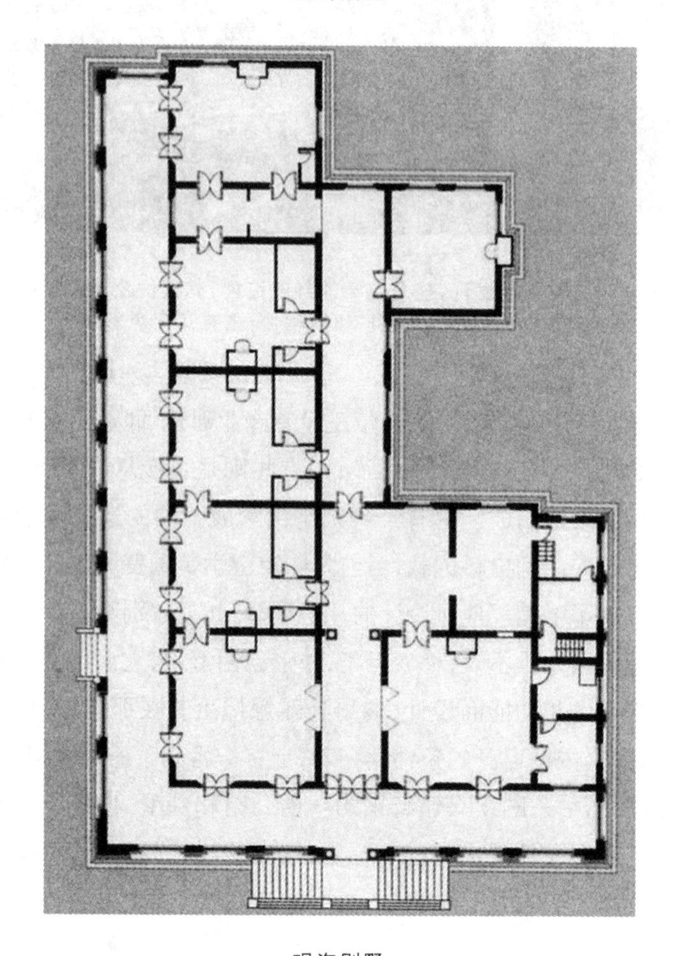

观海别墅

华侨的建筑，由于他们的特殊地位，以及中外兼有的生活经历和文化修养，决定了他们营造的建筑必然会体现出中西合璧的风格特征。而鼓浪屿的独特的自然条件、地理环境和文化背景，使得这些华侨建筑形成了“鼓浪屿式”的中西合璧风格，并且区别于其他任何城市和地区。

华侨的建筑活动与华侨建筑的出现，既反映了当时他们所代表的物质与精神文明，也有使他们与故乡从地方层面通过国际网络加入国家与民族网络之中的重要仪式与行为象征意义。建筑所展示的形象，有潜意识的认同感与情感寄托之象征，也的确引领了现代生活与现代性的潮流。

昔日的建筑姿态与叙事话语，如今成为重要的展示资源，抚今追昔，创造性地更新与利用，已经成为当代与后人的任务。华侨建筑在象征性的发展中，已经由凝固的音乐转变为流动的音符。

外廊式建筑立面图

黄赐敏别墅(金瓜楼)

2.2 鼓浪屿的生态价值

生态价值，主要指建筑设计与形式顺应自然气候环境，就地取材尊重并顺应自然并保护自然环境。从以自然为中心到以人为中心，转变为人与自然和谐共处的功能定位。采用绿色的传统制造工艺与技术，例如采用生土材料与竹藤工艺，与自然和谐共存，协同发展，天人合一，道法自然。表现为对天人关系认知、感悟和道法自然精神境界的实现。

鼓浪屿岛位于东经 118°，北纬 24°的厦门西南方碧波荡漾的海面上。在宋代本是一个沙洲，或称“圆洲仔”。明朝始称“鼓浪屿”并开发岛屿。渔人、农人行走出来的田间小路，自然地反映着岛上地势的高低起伏、丘陵的地貌特征。形成了纵横巷陌如世外桃源般适宜生活、居住的环境。这是一个 1.78 平方公里的椭圆形岛屿，常住人口约 2 万人，东西 1 800 米，南北 1 000 米，陆陆续续出现了高低错落、依山而筑的渔村农舍。传说中的某个时候，一只白鹭飞掠海面，它栖息的地方，诞生了大大小小的岛屿。鼓浪屿及厦门附近诸岛屿都是它的儿女。鼓浪屿与厦门之间相隔 700 米的海峡，也因之得名鹭江。

从 20 世纪初留存的旧照片来看，这些住宅之间隐约可见的道路是随坡就势、高低不平的土路。在住宅通往渡口及公共地带，人工铺筑的石板路依稀可见。由于鼓浪屿的道路常常是在住宅建成后留出的空地上自然形成的，它正像是一种生物，慢慢地分泌着自身的结构，将这个生物隔离，它便从形式上根据自身生长规律，长成了自己的形状，就如环绕她的鹭江与海湾的水一般，柔软、蜿蜒、随性，充分显出未经规划的有机秩序。而你行走其间，仔细体验与观看，其微妙的细节，微妙的结构，某种对称性，仿如生物与其形体之间必然发生的环节。这种道路网络自内而外生成的机理，颇似树叶表面所呈现的脉络。岛上的社区已经形成了它的外壳。无论是建设、改造，还是再建设、再改造，一切都是根据其内在的生命需要。

自然环境对岛上建筑群落组团布局有很大的影响。沿海一带，多是较松散的布局，多为当时的外国殖民者占据，此外，华侨及富人也占据山坡，修建公馆、别墅。百姓的聚集区多为不靠海的“内陆区”，建筑拥挤，建筑密度高，居住条件相对较差。

鼓浪屿与厦门的联系,主要靠摆渡鹭江的航船,因此,船只,是鼓浪屿进出往返的唯一交通工具。直至目前,鼓浪屿依然是一个以步代车,兼具居住生活、商业街市及文化娱乐的区域,是一个自给自足的,超然物外的桃花源。这种有机组织的隐喻形式——纯粹的街道与建筑物的成块集结这看似简单的形式,为小城区规划,提供了一个颇为有机的,以自由生长、舒适方便为理由的具有科学价值的规划版本。

与中原、江南某些地方封闭性较强的民居性格相异,这里的民居十分开敞、明朗,向着阳光,迎着大海,色彩明快而俗艳。鼓浪屿是一个受传统文化影响较弱的地方,因而,建筑文化并非完全与中原相同。一般建筑平面布局原型为一进三开间式。中间为厅堂,是住宅的核心,设有供奉祖先神明的牌位并且有接待宾客的功用,两侧分别是卧室和厨房。宅前多有开阔的场地,供家人室外活动及收拾渔具、补织渔网、晾晒谷物。富裕的人家,则按此原型朝着纵深方向发展至几进,中间设置天井或院子,两边有护耳相连。鼓浪屿现存最早的民居建筑,是燕尾两落双护龙红砖“大夫第”,这种纯熟的砖砌艺术与艳丽的色彩,是闽南传统建筑文化的特色。而那种平面细长且一进一进向后延伸的建筑群落,则是在此基础上,由于受到早期商业街道限制的影响而形成的另一种格局。

这种一进一进的院落式闽南大厝,在鼓浪屿保存下来的不多,比较完整的仅有两处。也许是因为自然的影响,如台风侵袭,使房屋倒塌,也许是因为人为的影响,如洋人与华侨带入新的建筑形式,百姓拆旧换新的相互攀比而使然。但是,这两处民居或多或少都可说明,闽南式的传统民居式样,就是鼓浪屿民居的原型。

街区鸟瞰。照片中心为现存的闽南式大厝照片。四周翻盖了新宅及西式住宅,很多随意添建的住宅亦损害了其完整性。历史上的厦门鼓浪屿(The Getty Research Institute)

这里的百姓，以海为生，对大海寄寓了深情厚望。海是他们生存的基础，生命的希望。由于处在中华版图的边缘，又较早接受来自西方的商业文化理念，因而风水的东西在此并不十分盛行。在他们选择房址和墓址时，对大海充满依赖。百姓们普遍认为，地有地气，水有水气，人有人气，气旺则生气勃勃。选择住房和墓址的朝向，就是寻求海之“气脉”所在，并将其纳入他们的住宅与墓地的考虑之中。依山面海，是首选，同时，请风水先生将户主的生辰岁时结合进罗盘推演之中，以决定房子的最终朝向。所以，在鼓浪屿岛上，同一地形，同一位置，竟能衍生出那么多有所偏差的房屋朝向来。这细微的偏差，是因建造住宅与风水流年有密不可分的关系。甚至在同一座府第中，先建的门楼与若干时间后建的房屋之间，都会发现有轴线的偏移。但是，一旦住宅的朝向与面海的愿望有矛盾时，如遇到朝西、日晒等情况，住宅主人也宁愿选择面海而不选罗盘暗示的朝向，这表明了人们对大海的尊重与眷恋。

此外，在营建住宅时，百姓对经济上的考虑也很周全，尽量做到充分利用地形，对于基地最好是不填、不挖，或少填、少挖，以减少土方的挖掘和搬运，充分利用每一寸土地、每一隙空间。在地形有高低差时，常把低处设计成地下室，作为储藏和防潮空间，以与高处找平。否则，若将高处夷为平地，就需要耗费大量的人力、物力和财力了。

笔山路 19 号

笔山路 9 号

鼓浪屿住宅的一个显著特征是，宅中设有很多门。一个房间至少有三四个门，即使是卧室、书房这些需要相对安静与私密的房间，也常常能穿堂入室地通行。也许,只有这样,才能让大海的“气脉”贯通每一个房间与角落,充溢整座住宅中。其合理之处是便于使每个房间内的空气流通,新鲜。身居其间,神清亦气爽。

随着鼓浪屿上外国人及华侨兴建的公馆、别墅的日益增多,对当地百姓营建的住宅有很大影响。在弃旧建新的住宅更迭过程中,充分显示了他们努力模仿甚至赶超洋式住宅的痕迹。在住宅上,大多是掺杂着西洋风格和东南亚风格的独立式小楼。与传统的闽南式民居不同之处在于,它们不是一般的横向布局,而是纵向发展为三至四层,模仿西式古典宫殿式造型。由于受到外来文化的影响,他们在生活方式上和思想观念上都有所改变。很多鼓浪屿人成了忠实的基督徒,原来室内供奉佛像的位置已经没有了;厅堂内的灯梁,在传统上是举行红白喜事庆典仪式时悬挂灯笼、联幅之用,也取消了,取而代之的是壁炉、神龛等西式陈设。原先是一家一户只有一个公共活动的厅堂也转变为几个大小起居室了。同时,在宅的外围添加走廊、门廊、天台、阳台也成了一种时尚,这些原本是为适应气候而做的努力,其合理的功能性已经让位于住宅主人的地位、财富的象征性了。在这些仿洋式住宅中,内部功能增多了不少,如中间分为前后二厅或前、中、后三厅,卧室根据房子进深的大小而排列每边二至三个不等。厨房、卫生间、储藏室与主要生活空间分开,或布置在尽端,或另辟一处以廊道相连。这种布局,发展到后来的将大型宅第主辅楼分置的布局。

2.2.1　鼓浪屿建筑中的生态学

也许人们会问,相对于闽南民居的传统格局,鼓浪屿的宅屋有何革新?这些建筑,除了与其地理、社会与历史的文脉相适应外,建筑与海滩、山坡及岛屿特殊的生态是如何呼应的?尤其是当今人们开始考虑建筑生态的本质是什么时,这些建筑,是否为中国建筑中的另类建筑?革新与创造,是如何体现在这些居屋上的?

生态一词的词根 eco,来自古希腊,意味着房子;或拉丁词根,意味着住户。这似乎隐含着生态本意,是关乎人及其活动如何影响着我们赖以生存的房子与环境。在生态学语境中,适应性,指某种生物的生存潜力。适应性是指生物体与环境表现相适合的现象,它是通过长期自然选择形成的。其中一种表现形式是使生物适应环境。

不难发现,遍布全岛的居住建筑大多呈现的是外廊式模式。据历史考察考证,亚洲的第一座三叶状外廊式建筑布局图形的外廊式居屋，来自鼓浪屿。当地工匠在外廊原型基础上，适应了突兀的山顶地形，而在山顶上建造的类似风车图形的外廊式建筑。追溯历史，外廊的原初形式源于印度广泛存在的合院，外廊空间最初是坐落在建筑内部的、类似于院落或天井的开敞空间，后来由于贸易与交换的需要，内部开敞的空间被移至建筑外部，因此形成了新的建筑类型的出现，建筑的三面由外廊环绕，有时四面都绕外廊，为的是适应热带及亚热带气候，以高度的适应性将建筑向四周开敞变为外廊式。后来，当地居民因扩大居住空间及夏季台风等因素的考虑，将建筑再次进行改造，可以视作一种气候适应性与社会适应性建筑体系发展的生态学脉络与经济学解释。①

坐落鼓浪屿山顶的
三叶状外廊式别墅

坐落鼓浪屿山顶的三叶状
外廊式别墅(梅青　摄)

泉州路 82 号别墅

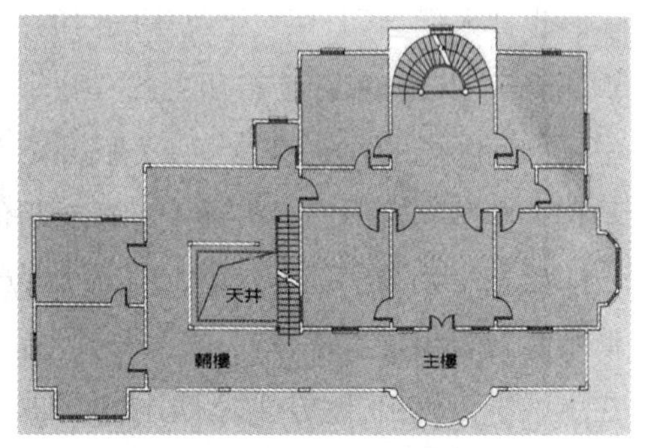

主楼辅楼分离的建筑平面

① 梅青.女性视野中的城市街道与生活[M].上海:同济大学出版社,2012.

主楼辅楼分离的建筑立面

海螺壳是因何创造出来的？海螺壳的形式是回应何种功能？形式与功能之间的关系问题，也许应该是自然科学研究的对象。对于自然科学的研究对象而言，生物或动物的行为、环境、生存策略都是其研究指向；而就海螺本身的形式与功能而言，是对于有关海螺的所有标准信息进行实证分析得出的。

过去，对于建筑形式与功能的探讨不计其数。如果我们借助海螺形式生成的自然演化过程进行研究，将会发现许多人文科学在以往所忽略的问题。尤其是在各种各样的"海螺"中，螺壳实际上提供的是一种对其内部柔软脆弱的软体动物的一种保护外壳，海螺壳如盾牌和支撑结构，其功能和作用，即使因各种各样软体动物与行为方式的不同，而因此呈现出各种各样的海螺形式。最基本的分为单瓣的贝壳与双壳。

如蜗牛状的其壳非常结实的海生腹足动物，是食草与食肉动物，需要一种便携式壳体，以便于在寻找食物时运动更灵活。其壳体为经典的单瓣式贝壳，或多或少地带有标记的尖顶式造型。

双壳贝类生活在泥泞的环境中，犹如一个沉静的过滤器。每当遭遇被扑食的威胁时，这些动物可以迅速地缩进泥沼中，那原来楔形的铰链，由两半扇形壳体闭合在一起，而且，双壳闭合更好地保护了体内柔软的生命，以免遭沙子的磨蚀。

海洋头足类动物是食肉类，对于其生存而言，运动的速度是最基本的要素。某种程度上，这些头足类动物或多或少已经失去了外壳，在许多情况下，体内还残存着用为支撑身体的残渣,例如墨鱼或鱿鱼,或作为器官辅助维持一种流体静力平衡,例如旋壳乌贼属类。也有例外的,例如鹦鹉螺,创造出一种非常美丽的外壳,用为平衡水压,例如船蛸,通过触须产生出美丽的临时的外部结构,用作为生命的载体。

在台湾海峡两岸所见的民间自然生长的建筑,经常有海的影子与细部。人文性的表现中,体现着自然的进化。起翘的屋檐与屋脊,更有渔船的造型。是工程师所为,还是工匠所为?从人类设计的角度来看,自然生成的构造,似乎更为合理,顺应着自然环境与天然条件的需求,有时甚至是极端的苛刻的需求,这是生命必须回应的一种生态体系与自然操作系统。因为不断地生长与回应环境,事实上,我们所捕捉到的形式,都只是过去时态。然而,其生长的轨迹,无不受到其原型的制约与影响。

2.2.2 地方建造中的生态智慧

闽南一带的传统民居主要以混合构造为主。所谓混合构造,即外部为承重墙,内部为柱梁构造。因此,外观造像,除了体量的构成与尺度的把握外,在很大程度上与外部砌筑所用的材料有关。鼓浪屿的住宅,除继承闽南的构筑方式外,还有一些发挥。如将柱子脱离墙体之外,形成柱廊,建筑外墙所用的材料多为当地生产的砖、石。具体做法是,底层(或地下室)部分完全以石材砌筑,石块加工成基本上相同大小的样子,然后横平竖直,规矩方正地砌筑成墙,墙厚有时达到近 1 米。所用的石材多为附近盛产的花岗石,经过惠安石匠之手,加工制成各种建筑构件,用于建筑物的各个部分。殷实人家则选用青石或泉州白等上等花岗石材料。建筑物的底层砌好后,上层接着用红砖来砌墙。砖墙的砌法又分为平砌和组砌:平砌即为普通砌法,所用砖材比较普通,完成时,砖墙表面也不需要磨光;而组砌则会依据砖材的优劣、匠师的技艺高下而有不同的艺术效果。一般选用表面有釉的暗底花条纹砖,根据需要按着纹路拼砌成有规则、有韵律的图案。当住宅建成以后甚至若干年后,外墙面始终都是那样洁净、清爽,给人一种经过洗涤的感觉。在阳光的照耀之下,显得格外的文雅、精致,透着书卷气。

地方匠作

鼓浪屿匠人营作以许春草最为代表。这位出身贫寒的泥水匠，聪颖好思，以其对于建筑风格、材料、细部和尺度以及与环境的关系等建筑因素的极度敏感，于 20 世纪 30 年代而开发了鼓浪屿笔架山顶的荒地，兴建了三座住宅，其中一座为自家居住的"春草堂"。

这座临崖面海的西式小洋楼，朝迎旭日，暮送彩霞。建筑地上部分为两层，地下部分做找平处理。二层的中部设计为客厅，客厅前面为宽敞的敞廊，明显是模仿西式的别墅。两厢为居室。厅后为膳堂和厨房。这座建筑的外观，充分表现了匠师擅长各种材料之间的组合与搭配，以闽南特有的花岗石作墙基、墙柱和廊柱，而用清水红砖砌筑墙体，产生材料两者之间质地、色彩与砌筑纹理的强烈对比。

鼓浪屿的山情海趣，曾使无数骚人墨客为之倾倒。生活在其中的鼓浪屿人，将自然融进生活、融进血液。匠人们用巧手将自然之美融进建筑之中。菽庄花园的建造，可谓是其中的一个实例。

这座花园，妙在巧于因借。它地处海边、背倚日光岩。在临海处，架起了游龙般的小桥，收放曲折，将海水、沙滩揽进怀抱。远处的海天一色，也成为从桥上观赏的远景。这一因借，使园中有海，海中有园，相互映衬，相互烘托。在靠山的部分，则通过开凿扑朔迷离的山洞，增添小巧宜人的山地建筑与小品，将山柔化成颇具人情味的园林景致。以日光岩为背景，借助山势，高低错落组合了一些园林建筑。这座花园的建造，既具有自然山水之趣，又具有人工雕琢之妙，既有中国古典园林建筑的韵味，又有别于中国古典园林，是一个闽南海上园林的佳品。

菽庄花园

为何说它有别于中国古典园林呢？首先，从“園”的象形文字看，中国古典园林一般都有围墙环绕着，上部象征着亭子或厅堂的屋顶，中间是池或水塘，下部是树木花草。因此，最基本的三元素是围合起来的水木清华。

而这座菽庄花园的营造却是开合有致，以自然山水开辟了景观建筑的先河，与西方造园有某种契合，然而更多的是继承了中国园林的山水写意，扩大了墙内丘壑的营造尺度，反映了沿海人文生态的物象与心境。

从哲学层面思考，整个世界就是一座园林。自然之美——浮云、朝霞、如诗如画的落日余晖、明晰的月光、清新的海风——这是每一个人的共同财富。即使身居简单朴素的房子里，一样能够享受到拥有这海上花园的美妙。

事实上，即使是传统的古典园林，也并非就是中国土生土长的发展，而是经历过许多次的外来影响而发生变化。最早是来自印度佛教的影响，并经历了汉化的过程；其次是外国的产品例如玻璃制品的引入，玻璃替代了以往以纸或以丝为窗户的材质的做法。虽然最初的玻璃以及玻璃器皿，只是出现于皇家建筑或宫廷苑囿之中。直到西方传教士们大量在教堂类建筑中使用玻璃与彩色玻璃,园林中建筑的窗子才发生了根本性的变化。在门、窗、天窗、屏风等都出现了玻璃或彩色玻璃图案与装饰。这在 17 世纪和 18 世纪中国受到基督教影响时期极为多见,而鼓浪屿正是其中的典型。

鼓浪屿菽庄花园的鸟瞰

鼓浪屿菽庄花园

鼓浪屿菽庄花园的鸟瞰

仁者乐山,智者乐水。巧于因借地形地势的例子,还有不少。特殊的地形,塑造了特殊的建筑。岛上的住宅多拾级而筑,纵横错落于浓荫绿树之中,清雅温馨,静谧宜人。依山而建的房屋,地势低的部分以地下室找平,隔着挡土石墙。大多数房子都是局部地下室做法。当房屋入口位于有地下室的一面时,便设计踏步直通入口平台。这是利用地形较为常见的一种方法。由于岛上潮湿,地下室亦兼有地下隔潮作用,这是补山做法之一。

郁郁葱葱的鼓浪屿,万绿丛中的点点红色,是掩映在满山绿树丛中建筑物的屋顶。这些屋顶的材料,均是当地生产的红瓦,在绿树浓荫中,尤为显眼。由于岛上丘陵起伏,在高低错落的山冈上,视线所及,大多为房子的屋顶,即经常被人们称呼的建筑"第五立面",因而,拥挤的建筑布局中,屋顶的美观与否显得格外重要,每个屋顶的处理似乎都是格外用心的。最为常见的屋顶处理是四坡红瓦屋顶,有些则在坡顶的一周,由于观景需要及蓄水需要而加了周围的平屋顶。过去,岛上生活用水奇缺,一些屋顶上部的天台,常常四周埋设水管引至地下室的蓄水池,承接的雨水经过滤作为日常使用。正是鼓浪屿特殊的自然条件,促成了建筑第五立面的成熟的处理。屋顶的色彩与造型,丰富了鼓浪屿的山坡丘陵,这是补山做法之二。

在鼓浪屿的大自然中,渗透着建筑,同样,在建筑之中更渗透着自然。二者相互包容,相互依存,在很大程度上也依赖于建筑外廊的广泛使用。鼓浪屿建筑的外廊软化了建筑物的内外界面,使其具有灰空间的特性。外廊,把建筑与自然联系起来,使建筑中的"生气"与自然中的"生气"在廊中相互转换,相互渗透。外廊的运用,将人的生命与宇宙中的生气画上了等号。使流动着的生命元素——自然,融入了建筑的血脉之中。

鼓浪屿鸟瞰

同样,建筑内廊的运用,也是鼓浪屿大型住宅的特色。如鼓浪屿某宅,其外观体量庞大,由主楼和配楼组成,中间设置一座天井。从功能上来说,便于通风、散热，很适宜鼓浪屿的气候条件。同时，主楼主要供家人活动使用，配楼一般多为厨房、卫生间或雇工生活之用。这样，在功能上减少了相互干扰。中间连接主楼和配楼的天井，一般为露空的，四周是连续的回廊。如果遇到地势有高差的情况，一般在天井的连廊处设置踏步或楼梯。

遇山开山，遇海填海，这是人类的一种改造自然、征服自然的豪情壮举。补山藏海，则是因借自然、依据自然巧于利用的又一种手法。鼓浪屿的先民们，正是通过在青山秀水的环境的感召下，对自然的理解有着自己的独到之处。他们所创造的建筑与环境，体现了中国传统的“天人合一”的宇宙观，认识到了人与自然关系之真谛。

2.2.3　海上花园

虽然如中国所有其他地方的园林一样，鼓浪屿的园冶有着极高的品位与情趣，但是人们对于这块土地上花草植物的认识是相当零碎局部的。绿草如茵，一直存在于地广人稀的国度，而中国，更多的是在方寸之地内栽植百花园与丘壑山水构成微缩自然。

中国的花草、植物、蔬菜、水果，甚至根茎、树皮、干果等细节的描述，早在16世纪的最后几年里，就已经通过基督教传教士们的纪实，信息反馈于欧洲。由此，一个充满了取之不竭的香料、珍贵的药材以及芬芳的植物丛林的对于东方的想象，流入了西方人的脑海中。奇珍异果的存在，在传教士们的笔端，有时是以崇高的色调进行着描述：在那未曾开发的处女地，在那交通未达之肥沃的土地上，坐落着神奇的哺育着人类的伊甸园，人道人性皆由此出。对于东方香格里拉的憧憬，将西方人的扩张殖民与贸易兴趣转向了植物引申而来的东方神奇的生命哲学。无论是沿着海路的西风东渐，还是从南方的珠江逆流北上，西方传教士所看到的与所描画的，是一派翠绿的田园风光。一望无际的水稻田，绿得如美丽的草坪。无数纵横交叉的水渠，将水田划分成一块块，水上大小帆影移，却不见船下的流水，仿佛行驶在绿色的草坪上与花丛中。远处的山丘上树木郁郁葱葱，千姿百态的植物，竟惹得伊人百转千回。

如果我们分析一下当时西人对于东方植物的热衷，不外乎是对于生命的热爱：

香料调节着饮食与胃口,而药用百花正是可以延年益寿的绝好药材。罗马天主教教皇格雷戈里十三世(Gregory XIII)在1585年曾经有过几行关于中国植物群落的记载,其中提到许多水果、坚果、甜瓜、荔枝,植物专门提到中国独有的一种梅花。在药用植物中,他记载了一种多年生植物大黄。正是传教士们,教欧洲人懂得了中国的绿色植物群属。而在香料中最受追捧的是胡椒。地中海的厨师们深知,胡椒不仅可以调味,是季节性的食物,除了是典型的罗马美食中的香料外,还具有药性,如入胃肠,可以消炎解毒,食补养生。正是生长于东方隐蔽的树林中的胡椒,掀起了西方海上强国向东航行的轩然大波。

第一位研究植物物种具有药用价值的西方人,是葡萄牙文艺复兴时期的医生与自然学家戈西亚(Garcia de Orta, 1501～1568),出生在早期葡萄牙商人家庭。涉猎广泛,尤其对于医学、艺术与哲学表现浓厚的兴趣,并以医学为生且定居于前面提到的葡萄牙在印度的殖民地果阿。他也许并未读过黄帝内经,也未品尝过神农百草,如大多数西方人一样,他极为务实,并且带有利益的驱动:指定具有药性的植物产品,测试这些植物的疗效,从而证实其商业机会。并坦言到东方的伟大愿望就是了解植物的医疗药性,也即是当时在葡萄牙被称为药店中的药品,以及所有在葡萄牙市场上流通的草药的产地与植物原生态,即是东方所有的花果与香料。要记下这些植物花果的名称,草药的产地,以及本地的东方医生是怎样使用这些药用百草的。由此,大黄的根、生姜、樟脑都被当作胡椒、檀香、豆蔻果实引起的饕餮食欲之后的解药出售。

高山峻原,不生草木;松柏之地,其土不肥。四季,在鼓浪屿化作唯一的春季——整年都是绿树、鲜花、碧波荡漾出满园春色。由于自然气候与天然土质,这方水土哺育出各种各样的植物与花卉。优美的庭园树凤凰木,枝叶繁茂秀美,以殷红锦簇的花团,点缀着花园,更以饱满宽广的树冠,为夏日里的街道搭盖出一片荫凉。不同于来自南洋的木棉树木棉花,凤凰木树种原产地非洲,仿如葡萄牙船舰一般,漂洋过海从好望角来到厦门。

另一种移植而来的花卉是来自南美葡萄牙殖民地巴西的三角梅,横渡大洋,盛开于鼓浪屿。三角梅具有红、橙、黄、白、紫五种丰富的花色,单瓣花、重瓣花和斑叶共存,品种繁多。既可以盆栽,又可以庭植,随遇而安,生命柔韧而朴实。与三角梅为伴的,是那些在庭院中、在门廊处、在围墙根、在石缝内、在窗台上的群芳谱:蝴蝶花、马兰花、栀子花、扶桑花，缠绕着藤蔓的百花，在婆娑摇曳的树影间，向阳光倾诉着丝路花语。

晚明心学的盛行以及当地气候的温润，养成了当地隐逸参禅与趋俗闲散并存的人格心态。以致后来岛上所建色彩淡美与浓艳并存的建筑，在游人眼中的鼓浪屿："须弥藏世界，大块得浮邱。岩际悬龙窟，寰中构蜃楼。野人惊问客，此地只怜鸥。归路应无路，十洲第几洲。"如果说这里的气候令人生定位于春天的话，海风追逐浪花与海水潮起潮落，令人遐思美妙的时间流逝并享受当下的海水、沙滩、阳光、贝壳、船坞与老船长。

鼓浪屿的海岸与沙滩

天空中，飞鸟以欢快的鸣叫，宣告其生存空间。白鹭的啼鸣，投射出海面上鹭岛的轮廓。动物们通过嗅觉和声觉，发展出了有限的疆界体系，而人类头脑中对于宇宙无极的渴望与探索，在历史上，自从人类在这个星球上出现以来，一直在为自己的空域、海域与疆域而界定、保卫乃至牺牲。而一旦占领了疆域，常以文字、建筑与古迹遗址的形式庆贺文明的到来。在特殊的时代与特定的地域，人们建造仁者乐山智者乐水的园林环境。在其中，有精心营造的溪流、树木、鲜花、场所、山岩等形式，是人们对于所在地自然生命的文明延展。

对于园林的营造，既有文明世界的普世意义，也因各地特殊气候与时代而彼此不同。表现在各自的建筑、设施、图景、气味和声音等方面的集合，适应在特定的地形地貌、水、植物、日照、和气候等相互作用下的场所精神。在造园中,最先考虑的就是该地的场所精神——即试图了解特定地域提供了什么功能,什么是必要的、固定的或可移动的,要使该地更适合居住,需要哪些修改和保护。鼓浪屿的地域与场所精神,强烈、清晰、有声有色,因而几个世纪以来,人们一直将它营造为一个更适合该地场所精神的海上花园。然而,如何在本土环境中借镜异国元素营造另种园林风景,在有清一代的几百年历史中,表现得最为充分。

3 鼓浪屿的物质文化遗产保护

天风海涛，轻拍着礁石，奏出自然的美妙交响；银白色无垠的沙滩与万顷碧波交相辉映，绘出绝好的天然图画。大自然，将这个清幽的小岛装点得分外妖娆。无论是白天还是夜晚，伴随着悠扬的钢琴声而漫步鼓浪屿，你都会有一种安全感，一种远离喧嚣、远离尘世，仿佛置身世外桃源的悠闲和轻松。历史留存至今那蜿蜒的道路与幽深的小径，曾几何时，绝无车马喧闹。直至目前，鼓浪屿与厦门唯一交通联系，还是定时往返的轮渡。岛上无机动车辆，近年因游客而增添了环岛电动车。正是这份自得，是鼓浪屿区别于其他地方的特色。在岛上，无论辈分高低，地位尊卑，人们一律靠自己的双脚，走认定的路。整个岛屿气氛幽静闲适。“淡妆浓抹总相宜”虽然是描绘西湖美的，但对于鼓浪屿建筑装饰风格来说，同样是凝练的表达。

3.1 建筑遗产保护的伦理

保护就是为防止衰落所采取的行动，它包括那些延长我们文化和自然遗产寿命的所有行动，目的是为呈现给子孙后代用建筑遗产本身所包含的人和艺术信息的眼光，来使用与观看建筑。历史建筑保护的基础，是建立在通过列出建筑物和废墟名单，通过经常性的检查和记录，通过城镇规划和保护手段等一系列基础之上的。而建成环境的保护范围，包括历史建筑，城镇规划，直到摇摇欲坠的文物建筑的保护或加固。所需要的技能包含极广泛的领域，包括城镇规划师，景观建筑师，评估师或房地产经纪人，城市设计人，保护建筑师，多种专业工程师，施工技术员，建筑承包商，与材料相关的匠人师傅，考古学家，艺术史家和古董收藏家，还要有生物学家，化学家，物理学家，地质学家和地震学家等的支持。而最重要的是建筑保护学家。正如以上多学科所表明的，建筑保护以及该领域的工作人员，应该理解保护的准则和目标，因为除非大家的概念是正确的，否则在一起工作是不可能的，也难以产生保护行动以及成果。

在建筑保护与艺术保护之间，是有一些根本的不同之处的。尽管目的和方法有相同之处。首先，建筑保护涉及以一种开放的和实际上不可控制的环境——即外在气候的方式来处理材料，而艺术保护者们却可以控制最小的艺术品的退化，建筑保护者们却难以做到，必须考虑到时间和天气的影响。其次，建筑业务的尺度和规模要大得多，而在很多情况下，由艺术保护者们所用的方法，因为建筑物的尺度及肌理材料的复杂性而变得不实际。第三，同样也是因为建筑的尺度与复杂性，各种各样的人，例如合同人、技术员、工匠们，实际上涉及各种保护功能，而艺术保护者只靠自已既可以完成。因此，理解保护对象本体，沟通和监管，是建筑保护最为重要的方面。第四，也有那些区别与不同之处，源于建筑必须是作为一个实体构筑存在，无论是为活着的当下，还是死去的过去，必须提供适当的内部环境以及防御某些灾害，例如火灾和肆意破坏。最后，在建筑保护和博物馆中的艺术和考古艺术品之间也会有所区别，因为建筑保护，涉及其所在地点环境以及物理环境等各方面的因素。

建筑保护，基本上是植根于欧洲基督教文物古迹传统，即证据及科学方法作为优先目标。以建筑与历史兴趣为出发点，这些影响，包括了“如画运动”与“罗曼蒂克运动”，并且从 18 世纪晚期，循序渐进地对于革命和战争做出反应，影响到单体建筑类型和对整个城市的干预措施。①

在过去几个世纪中，建筑保护从一种在主要风格时期几处主要文物古迹的一种精英兴趣到一种广泛的学科，即在一种建筑形式的谱牒和时代中，认识价值，从乡村的民间建筑到历史城市的一系列尺度中认识价值，并且对于其地域文化的丰富性赋予重要意义。

首先是年代，它是使一个建筑具备“历史性”因素之一，其他因素还包括建筑学上的和历史性方面的影响，以及与重要历史人物和历史事件的关联性。然而，建筑物越老，与其同类的幸存的实例就越少，因此，老建筑享有珍稀的价值。

在近几年，不光是历史久远的建筑，对近时期建筑的保护也同样引起了人们愈

① Win Denslagen. Romantic Modernism: Nostalgia in the World of Conservation[M]. Amsterdam University Press, 2009.

来愈多的兴趣。那些包含着人们生活记忆的建筑,已经被认可具有特殊建筑学上以及历史性方面的影响。一些国家,对于那些历史少于三十年的建筑,只有当其被认为具有杰出地位时才被列入保护名单之列,而那些少于十年的建筑,由于距离我们现在的时代太近,而被拒绝。

其次是时代与目的。处于特定历史时期同时代的建筑,由于其同代的支持者而被看作极大的优于之前的建筑。而且接下来的几代人反过来蔑视前时代的建筑,然而,他们似乎又在培养一种对先前岁月物品及形象保存与保护的渴望及需求。

在广泛的生态学意义上,保护和可持续发展,作为现代城市规划的主流,享有共同的生成基础。因工业革命所产生的力量,以及人与自然世界失去平衡所带来的严重的环境问题。对此问题关心之出发点有很多,包括现代战争,人口增长,毁林荒漠化,栖息地、动物种类以及生物多样性的丧失,干旱与饥饿,自然资源储备的减少,有毒废物及空气污染,工业造成的意外事故,酸雨和臭氧层耗损,全球变暖与气候变化,健康和全球公平,等等。对以上这些的反应变化不一。一种是似世界末日般的宿命论狭隘视野,一种是乐观的整体性的解决问题的途径和方法。

当世界人口数还仅只是 10 亿的时候,托马斯·马尔萨斯就有著名的人口原理,预测人口增长终将超过生活资料所能支撑,并最终导致灾难。1968 年的时候,当世界人口到达 35 亿时(而截至 2016 年,人口达到 74 亿,并且还在增长)。美国生物学家保罗·R·尔埃利希在他的人口爆炸理论中,又再次点燃了这种观点。在整个的 20 世纪 50 年代,自然主义者不断将公认的注意力引向与栖息地相关的以及与许多野生物种相关的生态问题。在接下来的几十年里,他们更强烈地表达了其他物种具有在地球上栖息的同样权利,并与人类一样享有生命的质量。而各物种都是唇齿相依并相互支撑的生态系统的不同部分。1952 年,伦敦见证了历史上最严重的空气污染事件,并对于城市污染的原因与后果敲响了警钟。20 世纪 60 年代来自北美的“花的力量”,“制造爱而非战争”,以及其他非暴力和公民权运动,以及日益增长的环境意识的观念表达。《寂静的春天》一书出版于 1962 年,首先将关注点指引向环境的有限能力,1968 年成立罗马俱乐部,成员包括科学家、经济学家、商人们、管理者们和政治家们,旨在引起个人对于整个世界社会的提升尽到责任。1969 年在美国成立了“地球的朋友”,1971 年成为国际网络,现在阿姆斯特丹有其国际首脑机构。1971 年在加拿大成立的绿色和平组织。其绿色和平的目标，就是确保地球能够养育其丰富的多样性之生命的能力。系列报告出版于 1972 年。生长的极限，建构了一个动态的交互模型，主要是关于工业生产、人口、环境危害、食品消耗以及有限自然资源的使用，并且预言经济的增长肯定不能持续。1973 年石油危机为此提供了可信度。直到 2000 年的可持续发展计划的十年，其中，资源的概念、生命圈的概念、生物多样性、宜居的概念，健康和安全以及社会公平等，将保护环境逐渐列入日程。

在当下全球化、技术先进、人口流动以及参与式民主和市场经济蔓延的环境中，对于宽泛的保护社区来说，已经变得非常明显，那即是这些和其他的社会潮流与趋势正在深刻而迅速地改变着文化和社区。保护领域未来的挑战，将不仅来自文物对象和遗产地本身，而且来自孕育这些遗产的文脉。人们从这些文脉之中提取遗产的价值，定位将服务于社会的遗产本体的功能，以及赋予遗产新的利用，这才是遗产意义之真正的源泉，也是全方位保护的真实原因。随着社会变化，保护的作用以及保护以形成和支持社会的机缘也在变化。这些变化的社会条件驱使我们宽泛且现实地思考保护在未来社会日程中的地位。

鉴于这些直接的挑战，许多保护专业人士和组织已经认识到，在保护领域，需要更大的凝聚力，连接和整合。保护的领域，不应该是一个杂乱的序列，而应该更好地整合嵌入其相关的文脉之中，以便确保保护依然与永远变化的文化条件相呼应。在过去的十年到十五年里，特别是那些关乎建筑保护和考古遗址保护领域，以整体的方式应对这些挑战，已经取得了重要的进展。通过全面规划保护管理，整合，跨学科的方法来保存建成环境，已经发展来解决当代社会的变化条件，并且健全了政策用于综合保护管理，采用价值驱动的规划方法，试图更有效地将价值具体化到保护决策的制定之中。然而尽管具有这些优势，广泛整合保护领域的政策和实践却一直很慢。这绝大部分是由于支撑保护工作的知识体系是片段的不平衡的，也由于在不同学科领域的工作的专门化。作为一个保护领域，我们知道了一些方面（诸如科学的、文献编辑的、名录的），在其他方面，我们知之甚少（例如，经济的或者以遗产作为认同与政治斗争的陪衬）。在文化遗产保护领域，我们不断面临三个方面的挑战：①物质条件的：材料和结构系统的行为，质变的原因和机制，可能的干预，长效处置等；②管理语境的：资源的获得与利用，包括资金，受过训练的人员，技术,政治和立法的要求和条件,土地使用等;③文化意义和社会价值:为何一个物品或场所有意义,对谁有意义,为谁保护,干预措施的影响涉及遗产是如何被理解或被感知的;等等。①

3.2 建筑遗产保护的情理

这个主题,探讨的是保存过去的情感与原因。保护必须保存或者可能的话增强文化资产所具有的信息和各种价值。这些价值,有条不紊地建立了决定提出干预之前整体的及个别对待的优先原则。优先级值分配不可避免地反映每一座历史建筑的文化环境。例如,澳大利亚18世纪晚期的一座小型木构房屋,可能会被当成国家级别的地标性建筑,因为它源自国家兴建之时,也因为那个时期的建筑很少留存下来。另一方面,意大利数以千计的古迹,同样这么一个房屋,在整个社区的保护需要中,也许就会有相对低的优先等级。配给文化资产的价值,可有以下几个主要的价值层次:

保护必须考虑以上这些主要的价值因素,同时,历史建筑或与环境或与人所产生的交流联想而具有关联价值;建筑设计为公众广为喜爱并模仿,建筑由此形成公共空间,遇威胁时,公众会起而捍卫,将新公共价值赋予建筑或其环境,因而建筑具有公共价值;建筑物建造过程中的技术体系与先进的建造技术,具有技术价值等。对于可移动文物来说,价值问题通常更为直接。在建筑保护中问题通常是因为历史建筑的使用,而在经济上和功能上有很多的因素需要考虑。而其文化价值与经济价值有时会有不平衡之处。

文化是不断地流动的,从本土流向全球。随着社会与文化变化的增强,更需要保护遗产作为抵御那些不该有的变化,甚至作为影响变化的方法。遗产是文化,艺术和创造力的支柱之一。在任何情况下,文化环境都宣示出保护以及保护所承担的风险,这是我们当下的环境,这种洞见来自社会理论,历史的追寻及政策,相关的

① Erica Avrami, Randall Mason, Marta de la Torre. Values and Heritage Conservation[R]. Los Angeles: The Getty Conservation Institute, 2000.

关于当代社会的性质的相关研究表明,保护领域只有与最近的潮流同步才是遗产与保护的核心。反观在后现代时期大量的社会科学与人文学科方面对于文化的研究,遗产应该被看成是一个非常流动的现象,相对于一个静止的具有固定意义的物件而言更是一个过程。建立在这样一种洞见之上的遗产保护,应该被看成是一系列与其他的、经济的、政治的和文化的过程相互交织的高度政治化的社会过程。

文化遗产在社会中的存在和功能,历史地看一直是习以为常的。社会应该留下旧物,接受过去并尊重过去,这些原因并未太仔细地审视过。宣称某物为遗产是非常固定的,观点主要来自诸如“杰作”,“固有价值”,“真实性”。然而,在之前的一代,文化常常由政治取代。遗产的核心是政治化的,因此保护也不应躲在真理的、传统的、哲学的、伦理之后。

物品、收藏、建筑和场所,通过特定的人和机构的有意识的决定和潜在的价值而被看作遗产。在当代多学科的遗产研究的核心理念是:文化遗产是一种社会建构,也即是说,文化遗产来自特定时代与场所的社会过程。过去几代对于文化的研究强调了一个观念,即文化是一系列过程而不是一些物品的收集。文物并非文化的静止体现,而是通过借助媒介,认同感,权利和社会得以产生或者再生产。文化遗产是认知建构,而且,文化遗产的概念包含生活的任何方面,即每一个个人在他们的各种不同规模的社会群体中的各个方面,显性或隐性地成为他们自我定义的一部分的思考。尽管如此,后现代主义将文化遗产仅仅减少为只是一个社会建设的趋势,违反了广泛共有的理解,即文化遗产事实上被赋予了某种普遍、内在的品质。

保护是一个复杂和连续的过程,涉及是什么构成了遗产,遗产是如何被使用的,受到爱护的,如何解释的,以及由谁和为谁而进行的以上相关方面的决定。关于保护什么以及如何保护,绝大部分是由文脉、社会潮流、政治经济力量所决定,而这些是继续变化的。文化遗产因此是一个社会组织(家庭,居于某地的社群,族群,学术或专业团体,整个国家)以及个体不断发展的价值观的一种媒介。社会组织嵌入在某些地方和某段时间,作为一个常规的事情,使用物品(包括物质遗产)来解释过去预示未来。在这个意义上,保护不只是一个拦阻过程,而是一种创造与再创造遗产的方法。

通过这种广为接受传统观念与保护挑战的视角,作为保护领域的专业人士开始认识到我们必须整合遗产并使其情境化。保护是一个持续再创造其文化遗产的过程,积累世代传承的文化标志。因此,文化遗产必须置于其更大的社会背景之中,作为更大文化圈中的一部分,作为公共话语的基本现象,作为一种不断重塑的力量如全球化、技术发展、市场意识形态的广大影响、文化融合和无数其他方面的社会活动。这种在我们的领域未来的相关性的保护模式,是值得指导实践,形成与分析政策,理解经济力量并真正确保保护在社会层面是至关重要的。

3.3 建筑遗产保护的法理

对于保护一直存有正面与反面的争论,也许关键还是保护这个词语本身。在字典里,保护(conservation)与另一个保护(preservation)不分伯仲,但是,当涉及历史建筑及建筑学时,就发现两个词语的不同,而不仅仅是语义学上的解释。

保护,是包容了变化得更为广义的保护,而后者的保护却保留了其原有的封藏般的原样保存。这种区别,在涉及保护领域的法律定义中,最为明显,被定义为特殊的建筑或具有历史兴趣的一些领域,其建筑性格或外观,允许通过增加或保留,而使其更好,更美,因此,动态的保护概念,即 Conservation,是随着变化和发展而生的。同样,制定保护清单,并不意味着一座建筑永远保留其原来的状态,虽然有一种反对改变的设想与假定。列入保护的建筑,允许适当改变或添加,特别是当这种改变或添加,能够增进保护建筑的机会。正如后面会列举的,几乎出现了一种旧建筑再利用的新生产业那样,犹如旧瓶装新酒。

早期的保护立法或保护法规,仅仅考虑封存意义上的保护。但是,社会发展的速度与强度,迫使我们有必要或是继承现有建筑以适应新用途或新标准;或是彻底清除这些旧建筑。保护无数宪章及相关文件的主题,显示建筑保护,首先是建立在与建筑历史相关的价值判断基础上的一系列宪章,遵循一条依据地方和时间而出现的逻辑顺序和序列,并且透露出各种尝试,将建筑保护与其他兴趣,放置并相互调和的位置之上,即在建筑专业内与现代运动与其后续继承者之间的调和。

1877 年成立的古建筑保护学会(SPAB),是第一个建立起来的保护古建筑的组织。之后,其他许多团体也紧随其后成立起来。18 世纪的建筑受到 1937 年成立的乔治亚组(Georgian Group)的拥护,19 世纪的建筑,受到 1958 年成立的维多利亚学会(Victorian Society)的拥护,受到 20 世纪学会(Twentieth Century Society)的拥护,而更近期的现代主义运动的作品,则被成立于 1990 年的 DOCOMOMO(Documentation and Conservation of the Modern Movement)所称赞。对特定形式和类别的建筑物或遗址体现出的兴趣及关注,经常作为对同时代误解与忽视的回应。SPAB 的"风车部"(Windmill Section)成立于 1929 年,并于 1948 年改为"风与水车部"(Wind and Watermill Section);其"民间建筑组"(Vernacular Architecture Group)成立于 1952 年;"园林历史学会"(Garden History Society)成立于 1965 年;"产业考古协会"(Association for Industrial Archaeology)成立于 1973 年;"剧院信托"(Theater Trust)成立于 1976 年;"建构历史学会"(Construction History Society)成立于 1982 年;"历史性的农场建筑"(Historic Farm Buildings)成立于 1985 年。

立法是对保护历史安全需要的回应。英格兰及威尔士对历史性财产体系是"基于 1990 城镇和国家规划法案"以及"1990 规划法案",其中列举了保护建筑和保护地区。古代纪念建筑由于"古代纪念建筑和考古地区法案"而被立法保护。政府对于有关历史性环境的引导在规划政策导则中体现,取代了历史建筑与保护区域—政策和程序。有关古代纪念建筑在规划政策导则——考古与规划中提及。

虽然立法以及法律所承担的职责,给建筑保护提供了一个防止破坏或毁坏变化的可能,但建筑自身能够导致其进一步的危险与衰败。在对建筑用途可选择性的限制,地理位置以及拥有者和居住者的涌入,对建筑自身的衰败有着强烈的决定性。英国濒危遗产建筑 1992 年调查的数据显示,登记在册的超过 36 000 栋历史建筑由于被忽视而处于危险之中(这些是英国 500 000 栋登记在册的历史建筑的 7.3%),并且 14.6%的建筑被认为易受到破坏。

这种被忽视的原因在很多层面与所有权有关,这一点通过列举建筑等级、所在位置、经济因素以及其原本的建筑类型体现出来,同时与其使用者是否拥有所有权或是仅仅拥有居住权的层面,有极大的关联性。这样的一种关系同样可以在 1991 年英国住宅情况调查中发现,虽然其中似乎呈现相反的情况:登记在册的建筑与国内住房的平均状况相差无几。但英国住宅状况调查的确在建筑修缮与家庭收入之间建立了一种联系状态。

通过近期以建筑保护信条为代表的调查显示，建筑所有者同时又是居住者的这类人将他们对家的修缮及维护工作建立在对建筑的破坏及腐蚀做出反应，而不是对预料之中的失败提早进行计划工作。人们不情愿将钱花在修缮工作上是一个主要因素，同时改进措施被认为比不重要的修缮工作更有意义。所有权的更替，在资产长久的未来扮演着重要的角色。

在过去的几十年中，公众改变了对历史财产的感知及兴趣。由于国家信托，历史住宅协会以及相关机构在合作和教育中加大了投入，与原先相比，现在我们对国家的过去更熟悉，知识面也更加宽广。在历史性建筑里停留，其中包括地标性地提供节假日短期住宿以及乡村住宅协会提供的在退休期间的长期居住，都越来越受到欢迎，同时，其满足了人们对于舒适而坚实的周围环境的需求。

建筑及纪念物由于与其相关联的历史时间和地点而有意义和目的。这样的历史可以说明解释过去发生的事件，如修道院的解体或是工业革命。建筑可以被看作是历史的文献，因此其对历史的纪录以及试图解释说明在调查测量中所揭示的特征有重要意义。建筑物是我们文化遗产的一部分，同时在不同层面上，被看作是教育，传承和贸易的载体。进而，历史性建筑的拥有者和居住者开始意识到他们的财产的重要性。

同样，对近代建筑越来越多的关注也体现了观念的转变，之前对近代建筑的保护被认为是不重要的。这些转变导致加快了对 20 世纪 80 年代建造的登记在册建筑的再次测量的进程。

地下遗产的保护逐渐地开始受到重视。对考古的政策依然停留在陆地上，同时为规划局、地产拥有者、开发商、考古学家、社会福利团体，以及公众提供了指导方针。

现在的挑战是要对为什么以及怎样保护我们的遗产保持思想开明，以便能够在我们的教育及休闲活动中小心地使用，同时形成适当的法律保护措施，为保证为其提供长久的保护做好筹备工作。

历史建筑或结构的价值并不单单从它作为一个重要的建筑学组成部分而体现出来。它们与人，事件或是革新的关联性已足够值得去被保护。在这方面的社会学纬度上的证据便是建筑饰板上面记录着前一个居住者的工作和生活。

对一栋建筑的这种关联和特殊的认同性，可能是它们自身能够幸存下来的原因。那些图画般的，或是对地域特征有贡献作用的建筑，经常会产生趣味性及协助作用。公众对磨坊、铁路工程、学校,以及其他特殊建筑类型的热爱往往就是这些建筑能够幸存下来的原因。

特定的材料与结构形式会被那些缺少理解和尊重的人认为是劣质的,从而不值得去保护。木框架的结构形式就曾经一度被这样认为,从而被肆意的拆除或变更。生土结构,如土砖、夯土墙,以及抹泥隔墙,现在仍被那些未受过教育的人认为是劣质的,由于这些人坚信这种结构不能再起作用,导致他们对其的忽视及所采取的不适当的措施而使结构极易破坏。

夯土墙经常被现代的砖墙所取代,同时水泥代替了石灰被用作砂浆及抹灰打底,这些仅仅是因为与之相关的知识跟材料的不易得到。建筑的拥有者,他们的咨询顾问以及建造者的教育对于消除这种偏见是十分重要的,这可以通过给予准确适当的建议,提供信息簿册,或是组织实际的示范活动来实现。

无论是 1931 年的雅典宪章还是后来直接继承性之 1964 年之威尼斯宪章,都支持使用现代材料和技术,结果,钢筋混凝土这种在现代运动中备受青睐的建造技术,在整个战后的欧洲修复性项目中得到了广泛的应用。今天更为通常的是与环境不相容的现代材料和技术,以及对于传统之建成的历史建筑之中的结构真实诚信得以确认,而且采取步骤避免其使用。在历史古迹环境之中以及在历史区域中,关于新建筑的设计问题亦经常发生一些各类宪章之间明显的不一致现象。

3.3.1 国际古迹遗址理事会宪章与国际准则

国际古迹遗址理事会宪章与准则

① 1931 年雅典宪章
② 1964 年威尼斯宪章——针对雅典宪章进行了修正与调整
③ 1975 年关于建筑遗产的欧洲宪章
④ 1982 年佛罗伦萨宪章——关于历史园林与景观
⑤ 1987 年华盛顿宪章——针对历史城镇与城区的保护
⑥ 1990 年洛桑宪章——考古遗产的保护与管理
⑦ 1993 年古物古迹保护的教育和培训准则

（续表）

⑧ 1994年关于真实性的奈良文件——非西方的视野
⑨ 1996年水下文化遗产保存与管理宪章
⑩ 1999年文化旅游国际宪章
⑪ 1999年历史木结构的保存原则
⑫ 1999年建成民间遗产宪章
⑬ 1999年希拉宪章的调查
⑭ 2003年国际古迹遗址理事会(ICOMOS)宪章——针对建筑遗产的分析、保护和结构修复原则
⑮ 2003年国际古迹遗址理事会(ICOMOS)原则——针对壁画保存及保护与修复

3.3.1.1 1931年的雅典宪章

20世纪30年代,有两部雅典宪章,这既令人困惑,同时又具有意义。两部宪章应运同一种语境而产生,即是建筑和规划中的现代运动以及由此运动而受推崇的建造技艺与设计概念。1931年的雅典宪章,是在国际的水准上,对于历史建筑的保存和修复所制定的科学原则的首款文件。聚焦于受到严格保护的历史古迹,宪章支持在修复工作中使用现代材料和技术,青睐于适当与连续使用,建议尊重古物古迹环境,包括在新建筑设计中,并敦促增强国际合作,敦促尊重历史古迹环境与区域;与此对比,1933年由CIAM所提出的针对雅典宪章的文件,是现代国际主义的开创性宣言之一,谴责历史风格的复制,确认个体古物与城市环境的保护,谴责通过在历史区域中的新建筑采用历史风格而进行的任何美学同化尝试。

3.3.1.2 1964年的威尼斯宪章

威尼斯宪章代表了1931年雅典宪章的修正调整,再次支持使用现代技术,强调基于材料与文献证据的真实性,并将历史古物的概念扩展至包含城乡环境。威尼斯宪章强调保护和修复工作的目的,就是捍卫既作为艺术品又作为历史证据的古迹。与之相应,在各种元素被取代之处,应该是和谐地但又是可以辨识地看到元素之间的结合,任何添加或结构之物,都应该明显易辨并符合时代要求的。此宪章被1932年成立的国际古迹遗址理事会采用为主要的教条理论学说,并且继续被引用作为国际性保护哲学与今日实践的基准性文件。

3.3.1.3 1975年关于建筑遗产的欧洲宪章

欧洲宪章被欧洲理事会在欧洲建筑遗产年作为结束语的形式采纳，并且通过阿姆斯特丹为实施这一宪章所勾勒的基础框架理论而得以补充。欧洲宪章，扩展了历史古物概念，包含了城市和乡村区域，并且强调将建筑遗产以真实的状态，传递给未来一代的重要性。除了其文化价值之外，宪章还认识到了遗产的社会和经济价值。同样，遗产的未来，在很大程度上取决于其在人民生活环境之中融合且一体化的程度以及在规划政策框架之内遗产本身所承载的负荷。

欧洲宪章促进集成保护或综合保护概念，其中优先权附加于在历史区域之中保留功能和社会多样性方面，以及抵制以汽车为交通方式的需求和土地与财产炒作等带来的对于遗产的压力。它承认在历史区域中的现代建筑，但是需要在现有文脉的条件中，包括建筑的比例、形式和尺度等，应该给予尊重考虑，提倡使用传统材料等。

3.3.1.4 1987年的华盛顿宪章

华盛顿宪章，补充了1964年的威尼斯宪章，将历史城镇和城市区的保护，释义为那些为防护、保护和修复城镇和区域及其发展，并与其时代生活和谐适应的必要步骤。

华盛顿宪章，强调城市保护应该是与社会经济发展不可分割的组成部分，以及在所有层面的关于城市与区域规划政策的不可分割的组成部分。宪章代表了城市保护的多学科本质，强调居民积极参与的重要性，而居民被当成为主要的利益攸关者，并坚持住房的改善是主要目标。

此一国际古迹遗址理事会宪章，概括总结了应该保存的重要质素是城市布局和城市粮食；建筑物与绿色和开放空间之间的关系；历史区域或城镇与其周围人造和自然环境之间的关系；伴随时间而累积的功能多样性：建筑物的外观和内饰，从尺度到风格、材料，再到色彩和装饰，等等。

3.3.1.5 1994年的奈良真实性文件

奈良真实性文件，构思于威尼斯宪章的精神之中，以之为基础，并顺应当代世界对文化遗产日益扩展的相关内容和利害关系，拓展这种精神。声明在一个逐渐受制于全球化和趋同化力量的世界上，在一个对文化身份的追求往往通过扩张性民族主义和对少数民族文化的压制来实现的世界上,在遗产保护实践中,注重真实性,由此产生的本质性贡献是澄清和指明人类的集体记忆。世界的文化多样性和遗产多样性,是人类精神丰富性和智慧丰富性的不可替代的源泉,对我们世界的文化多样性和遗产多样性的保护和加强,应作为人类发展的一个本质方面加以积极推动。

文化遗产的多样性,存在于时空之中。它要求尊重其他文化及其信仰体系的所有方面。在多种文化价值观表现出处于冲突状态的情况下,对文化多样性的尊重,要求承认各方的文化价值观的合法性。

所有的文化与社会都根植于特定的物质和非物质的表现形式与方式。每一地的文化遗产,也是大家的文化遗产。对于文化遗产的责任和管理,首先归属于产生它的文化族群,然后属于关心它的文化族群。

3.3.1.6 1999年布拉宪章的调整

布拉宪章所陈述的目的,是为具有文化重要意义的地方提供保护与管理的指导。因此,它并非专指历史建筑或城市区域,它也涵盖了由人类活动所修正的景观。其指导性原则,与先于它在1979年第一次发表的布拉宪章内容条款密切相关,而这些与其20年几次的修正调整相互吻合。

在此调整后的宪章中,涵盖范围广泛的原则,就是理解和捍卫意义,包括通过层层分解历史而获悉的意义。以此方式概括一地的美学的、历史的、科学的和精神的价值:从过去到现在再到未来。布拉宪章,采用一种策展与科学的方法——一种在旧与新的肌理之间相互区别的方法,并且允许在既是暂时的也是可逆的条件下进行改变。它也敦促无论在哪都可能成为历史的连续性。布拉宪章,以一条重要信息结语:“最好的保护,经常是最少的工作又是不昂贵的工作。”

欧洲宪章和华盛顿宪章,为城市保护的多学科方法铺平了道路。以真实性概念为优先考虑,使用传统材料,构造技术与工艺技术来达到保护实践的策展方法,强化了科学的基础。布拉宪章表达了关于理解建筑的意义,最大限度减少工程范围和造价。然而,建筑保护在其词汇方面,因令人混乱与歧义而变为模糊不清,例如遗产、保存、保护、修复、真实性等词。

然而,在这些宪章中,没有一款是文艺复兴关于创造性的连续表达的概念,也没有公开的至少是直到现代运动发生时所体现出的一切建筑设计本质的衍生——

是城镇和城市早已预设好的用以形成建筑特征的历史之衍生。只有 1987 年的华盛顿宪章,预示了当代元素用以丰富历史街区的限制性条款,即只有当新旧建筑和谐共处时才能实现此潜在价值。

当西方世界自从启蒙运动以始所倡导的现代化,以宗教与精神与科学的和物质的(理性的)分离之后,这并非在世界的其他角落都如此。而且,不同的文化与其自然和建成环境具有不同的关系。当谈及文化遗产的保护时,不同的现实,不同的习俗和各自具有的信仰。对于东方文化来说,最普遍的是重建(Renewal)。

在根本上说,重建与保持原有肌理质地的原则相矛盾冲突。特别是拆除再建是很普遍的。这些不一致,反映了各种企图调和保护的哲学和实践与当今建筑教育和实践之关系,而这依然是悬而未决的争论焦点。[①]

3.4 建筑遗产保护的学理

3.4.1 遗产保护的漫漫长路

保护,可以定义为避免遗失损耗废弃或损害而进行的维护。从最初开始,包括 19 世纪引起拉斯金(John Ruskin)义愤填膺的对于历史建筑颇有争议的所谓修复。这个领域拓展至包括伟大遗产更加科学的保留以及那些不甚伟大的建筑,但足以令我们及后代享用的年代较久的建筑物。

自从第二次世界大战之后的一段时间,不仅经历了保护技术的迅速发展,而且相应的经历了保护哲学与保护伦理学。在这同一时期,保护这个词也被用来专指各门专业结合应用,包括科学、艺术、工艺和作为保护工具的技术等学科的结合。历史建筑或具有遗产价值的建筑的保护,因此发展成为一个特别复杂的过程,涉及一支包含多专业的队伍,还涉及专家、经营者与工匠们。

① 此节(3.3 建筑遗产保护的法理)大部分内容,翻译自维基百科网站. https://en.wikipedia.org/wiki/Architectural_conservation.

保护过程常因为这个社会对于最新科学和技术产品的迷恋而遭受威胁。我们常发现,在最新的奇妙产品的物理与化学变化,严重地反向影响到历史建筑材料,而这竟然常常是以保护之名施加于历史建筑之上。一旦原有材料受损,这将是不可逆的。而新产品很难在不损坏原有予以保护的材料的情况下移除。由于知识不足而导致的技术的误用和不利行动。专业的保护工作者已经采用伦理准则和保护导则,这本身就是职业渐趋成熟的表现。有两个基本的与现代技术和材料的使用相关的问题,以完全摧毁及防止眼下和未来的退化。首先,为了完全根除和避免退化,必须全面理解材料、现象、过程和其相关的宏观和微观环境;其次,必须预测原有材料与保护过程中加上去的新材料的未来行为。因而,许多最好的保护主义者,追随涉及传统的使用、技术和材料的保护。即使那种方法在面临日益变化的现代环境时,也证明是不够的。这证明材料与过去的传统、工艺、文化的结合是不完全的。

建筑保护包含针对建筑物建成环境和自然环境进行的纯粹的保留或者再生利用的保护。针对历史建筑,纪念物或者纪念性建筑而言,保护被看作是回应不利环境条件做出的积极的重要的举措。因此保护包含了诸多评估建筑情境的行为。

然而,建筑保护的名声并不好,一方面它被视作是代表一小部分建筑物和纪念物利益的极端运动,一方面它被视作一种缺乏合理程度的灵活性的糟糕的管理政策。尽管许多人不愿意承认,但是这就是建筑保护的现实地位。令人欣慰的是,越来越多的人认识到保护对于维持孤立的或者联合成整体的社会景观的独特性是十分重要的。起到这样作用的建筑物包括一般的民居,工业纪念建筑和现存的历史建筑。

建筑保护包括对已经废弃的或者还在使用的,完好的或者毁损的建筑物的保护。建筑不是孤立于社会时代之外存在的,它们是社会变化的记录者,并且与当地的人们和地域密切相关。任何一座建筑物都是其所处时代的产物并且应该在后世继续存在。人们当今面临的建筑保护的许多问题和困境,都是由妄想去断定过去对现在和将来的重要性的行为造成的。

随着对于能够支撑工作过程中决策的信息的需求的提高,新一代的保护工作者综合运用艺术和科学领域的知识技能。专业人员,雇主以及大众必需被教导和培训,以满足人们对建筑保护的需要。

建筑保护的历史，可以溯源至意大利文艺复兴时代的基督教与人道主义的汇流时代。当时，对古典古风的认知是既看作是过去一个重要的时代，同时也看作是文化延续与创造力的起搏器。古迹无论毁坏与否，都因其固有的建筑与视觉品质以及其历史和教育价值而变得弥足珍贵。18 世纪启蒙运动时期，在欧洲，因为科学的发达及日益增长的对古希腊与古罗马古迹探险兴趣的日益增长，直接发展了从原始资料确认事实的方法论，并且奠定了现代考古学与艺术史的学科出现。基于可靠的信息源基础上的真实性概念，成为现代保护哲学和保护实践的基石，就是那个时期的产物。同样在 18 世纪，受到罗曼蒂克绘画以及描绘古迹景观的版画影响，伴随对于中世纪怀旧日益增长并兴起的举世瞩目的"如画"运动，尤其在英格兰的风景园中有所表达。而且为了"如画"之价值而保存、修复，不断重建复制品或假古董与废墟。今日，废墟专门与历史建筑分开来，而冠之以古迹之名，继续因其如画的价值而备受珍惜。到了 19 世纪，与欧洲浪漫主义运动与民族主义涌现的同时，文化多样性与多元主义得到认知重视。对于民族的区域的以及本土的认知的重要性日渐增强。而这需要依靠于历史建筑的保存，艺术品及其个性化、区域化、文化认同的表述。

在五个世纪的时间跨度里，对于历史建筑的兴趣已经从古典古风与文艺复兴早期的文物扩展为其他多种形式，包括传统园林、居住建筑、民间建筑以及城市历史街区。从国家所有的古迹古物到私人所有的资产以及多重产权的聚落。在区域地理层面，扩展至非欧洲文化的各地本土聚落。同时扩展了传统建筑材料、建造技术和匠艺，并且包含在历史建筑中持续关注那些历史建筑的使用，保留真实性，在欧洲文化语境中是一种广为接受的戒律。

建筑保护部分地从教育启发、部分地从浪漫主义及思乡怀旧情绪演化发展而来。许多政府与非政府组织，草拟制定了无数宪章、公约、声明、宣言。同时，特别是在城市历史区域，包容居住聚落同时面临一些大幅延展核心区域而带来的问题。因而，建筑保护实践中，包含一系列具有特别意义并随着时间变化的关键词汇。

首先是遗产这个词。从词源上说，遗产即祖宗留下的资产，标志着那些遗传和传承的财产和传统。联合国教科文组织比较宽泛的定义，遗产是来自过去的留给后人的东西，也即是我们今天赖以生存以及我们将继续传承给后代的东西。

在这个定义中，遗产既没有限定于时间，也没有局限于物质实体——无论是历史遗存,历史建筑,古迹古物或其他。遗产被解释为是现在的基础,是未来的起搏器,以当下一代作为保管人并作为具有创造性地连接通向未来。

然而,遗产有更多层面的有限意义。例如,是过去的文化,财产和特点或是当今对过去事件模式的知觉,以此,遗产已经变为一种建设,一种不仅与历史相关的可以用于教育和旅游并且是脱胎于生活的概念。

其次是保存、修复和保护这些词汇。即使在建筑保护语境中,这些词汇经常被互换使用。并不仅仅因为保护这个词,在今日讲英语的世界中是最为时髦的词,并没有很好地被翻译为其他词汇。其使用最常限定为在博物馆环境中对于艺术品和其他物品的看护。修复的概念,至今依然受到青睐。而保存在从业人员中是一个时尚词,直到20世纪80年代被保护一词取代。越来越多的人将三者关系确认为:保存+修复=保护。

这一简单的公式来自1979年。澳大利亚古迹遗址理事会(Australia ICOMOS)在南部矿业城市布拉召开会议,确定澳大利亚遗产地保护的基本原则和程序,制定了保护地方文化意义的文件宣言,并公布为《布拉宪章》(*Burra Charter*),它接受威尼斯宪章中体现的哲学和概念,但以一种在澳大利亚更实际和有用的形式撰写而成。宪章在1999年修订,并一直被澳大利亚遗产委员会采用。对澳大利亚人来说,布拉宪章大概是过去30年中关于遗产地保护根本原则和程序的最为重要的文件。它为照管我们的遗产提供了指导性哲学,并且不仅在澳大利亚而且在全世界其他地方,并被广泛采用为遗产保护实践的标准指导文件。① 它开章明义,对于相关词汇给予了定义,例如;

地方(Place):意味着场所(Site),区域(Area),土地,景观,建筑物或其他构筑,建筑群或其他构筑群,而且包括构成元素,内容,空间和视野。

文化意义(Cultural Significance):对于过去、现在或未来一代美学的、历史的、科学的或精神的价值。文化意义体现在地方本身,其肌理、环境、使用、关联、意义、记录、相关地方或相关物体。地方对于不同的人或不同群体或许有不同价值。

肌理(Fabric):意味着一个地方的所有的物质材料,包括组成元素、装置、内容

---

① Fengqi Qian. China's Burra Charter: The Formation and Implementation of the China Principles[J]. International Journal of Heritage Studies, 2007,13:3, 255-264. DoI:10.1080/13527250701228213(18 Oct 2010. online)

和物体对象。

保护(Conservation):意味着看护一地,以便于保留其文化意义的全过程。

维护(Maintenance):意味着持续地对于一地的肌理和环境的保护性照看,与修复应有所不同,后者包含修复或重建。

保存:意味着保持一地的地方肌理及其现存状态,并避免其进一步毁坏。

修复:意味着将一地现存肌理回归到一个较早的世人皆知的状态,通过删除其添加物,或通过不采用新材料而修复现存肌理。

重建(Reconstruction):意味着将一地回归到一个举世公认的早期状态,并通过引入新材料到地方肌理之中而与修复有所区别和不同。

再者是真实性(Authenticity)这个词。真实性在 ICCROM 所发表的在欧洲语境中的相关文件里,被定义为在物质层面上是原来的或真实的,如所建造之初并随时代而沧桑的。同时,整个建筑的各个环节却都热衷于建筑性格和外观上的歧义,无论是市场时代的房屋,还是那些门或窗的相似性方面。

在建筑保护实践中,除了一系列具有特别意义的关键词外,还有十分重要的就是一系列的保护宪章。

历史建筑与城市保护的哲学和实践,是由一种不断增加的宪章和声明所推动形成的。这源于 19 世纪。这些文件某种程度构成了一种基本的智力运动。当然,这些宪章反映了一种以欧洲的哲学和实践传统为主的倾向,其中每一款,都是其时、其地和著作权的产物。

真实性概念,是现代保护中潜在的指导性原则。事实上,早在 1877 年,威廉·莫里斯已创建古代建筑保护学会(SPAB),该会 1877 年宣言强烈地、毫不妥协地对 19 世纪中期不尊重历史层次而进行的哥特建筑风格的重塑复制潮流给予了回应,并直接面对了真实性的概念。宣言聚焦于“古代艺术品”——也许涵盖历史的和如画的品质。宣言斥责“修复”劝诫“保护”。此宣言确定了两条原则:首先,最少干预,表述为建筑减少日常使用磨损;当建筑没有改变或扩建而不再适于使用后,应该停止使用而进行静止保存。

3.4.2 为何保护

人类本性上渴望依偎在如母亲怀抱般的自然环境中,保护本身即是在一个快速变化的世界里,保持并建立秩序。我们越是趋向全球化,越是渴望附着于体现我们文化身份的建成环境中。保护,是一种平衡这个世界一代一代地可持续发展的平衡艺术,它不仅仅是留住过去,还为的是放眼未来。如果能够更好地了解和保护过去,我们便可以更好地管理和规划未来秩序。换句话说,保护关乎过去、现在和未来。我们为何保护历史建筑和建筑环境,保护意味什么?既然历史建筑是建筑环境中固有的一部分,那么转变、再用、修正与新建同样受用吗?保护是一个过程还是一个结果?

保护的另一个动机,来自促进民族认同或者为促进国内与国际在旅游中获得历史与文化的熏陶。实际上,持续地使用既有的东西,而非浪费资源一味地开采,在环境上与经济上都具有可持续发展的意义。也许有三种原因能够解释我们为何希望保护那些最好的建筑。其一是考古的原因;其二是艺术的原因;其三是社会的原因。前两个原因,始终伴随着我们,虽然它们的重要性,在过去的百年或更久时期,已经逐渐成长。

3.4.2.1 考古层面的保护动机

考古,就是保存具有历史意义的某物,至少也是出于好奇心或有兴趣保存过去的一种简单愿望,也许这可以使大多数到博物馆和展览馆的人,从比较祖先的生活方式与今天的生活方式,来满足求知的欲望。保存所有历史上的东西但不再继续使用,这也是保护具有历史兴趣的某种东西的本能。而也许就是最初制定保护立法的潜在动机。

3.4.2.2 艺术层面的保护动机

艺术风格方面的保护动机,源于艺匠与工艺所产生的艺术美。第一次类似艺术保护运动——古建筑保护协会就是对于英格兰维多利亚时代大量生产过剩的反应。我们现在评价那些批量生产的文物,只是以我们自己正在改变的观念来进行评论。过去了的 20 世纪和如今的 21 世纪,对于那些毫无艺术美感的建筑,我们过于容忍了。当代与历史过去相比,太忽视图像研究,而借图像丰富的艺术信息可以增强我们的艺术品位,在对艺术图像进行价值评估中,优美案例的保护可以将我们与过去产生艺术的关联。

3.4.2.3 社会层面的保护动机

社会动机来自外在客观因素的影响。在过去及当下,更多是因为社会的驱动,将保护推向前进，简单来说，是一种变化的步伐与变化的本质所带来的一种不安的感觉，一种试图抓住那熟悉和令人安然的感觉，而促进了保护。以环境层面而言，它与我们历史中心的毁坏密切相关，这些历史建筑的重建，在建筑风格层面，迎来了极少公众的赞扬。保护是相对于变化而产生的。保护运动是与对变化的反应而对应产生的。是一种对于变化所产生或可能产生的变化的恐慌，同时，也是对于过去历史沉淀与历史美的一种执着。保护的最先提出，是因工业革命而产生的。

3.4.3 城市的文脉

前工业时代，在欧洲的城市中，无论在一个特殊时期的规划，还是随着时间而有机发展的规划，在功能和元素方面，都有着某种共同之处。这些城市是权力中心、贸易中心、社会和文化相互作用的中心。无论是为了防御还是为了管理，抑或相对来说人口稠密原因，城市定义清晰，结构紧凑。城市有极少的几幢纪念性建筑物：宫殿或城堡，宗教建筑物，行会或市政厅和证券交易所。城里主要分布着工艺作坊和贸易者与居者混居的邻里关系，城市中极具社交性，常具有宗教和民族的起源。市场是贸易的聚焦点，在城市内战略性地分布着，因此能更好地服务居民并吸引着旅行者们前来休憩。

这些城市与其地形地貌直接相关，并且与所在地之地方场所精神具有内在的和谐平衡，无论城市坐落沿海、沿河、林边或田野。并与外围社区形成场所感。这种和谐，是通过有限的当地材料的建造所使用之工艺所强化的，有时受到严格的建筑规范所强化和加固。

在本质上，这些城市尺度是人性的。对于究竟何者构成城市生活，何者构成乡村生活，在共同享有的约定俗成的理解基础上，给予适应社会经济的功能性解决。

与建筑保护如出一辙，前工业时代，市容的许多方面，也即是协调一致的三维构成艺术，也许应该至少是回溯到意大利文艺复兴时期：秩序、视野与前景、建筑之间的关系，公共空间和私密空间、公共的炫耀、排场、卖弄、虚饰、浮夸以及私密的卿卿我我。

此外，前工业时代的城市，根据类型和规模，通过各类活动而具有鲜明特征，但总是以近距离的最为直接或继发的形式形成空间的流通。城市中更多信步闲庭或信马由缰的空间。

现代城市规划主流,出自西方城市规划的形成与影响,并非在于前工业时代,而是来自 18 世纪英国的工业革命前辈们的前卫性实验,新的工业城市,恰逢农村土地改革,这是以在城市中工厂的集中,农村人口迁往城市,以煤炭为主要动力能源及工厂和家庭取暖为主要特征。从 19 世纪直至进入 20 世纪工业城市的演变与商品和人员的机械运输的发展,是相互平行的。首先,铁路取代了运河体系,之后,铁路又面临陆路运输日益增长的竞争。因对公共健康及工人阶级居住状况的关心,再加上强烈的家长式的社会主义和浪漫主义,发展成为不妥协的反城市运动,拉斯金和莫里斯在其中起到了非常重要的作用。这种反城市化运动,演变成一种新的乌托邦视野,一种否认前工业化时代的城市性概念:建成的形式和反映其形式的关系;在各个层面的传统的社会经济活动的混合为特征的,这不可避免地将规划的理论和实践,与历史城市中的建筑和基础设施产生冲突。几乎每座城市的历史演化及其物质特征方面都如此。

18 世纪发源于英格兰中部的工业革命,给城市带来根本性改变的契机:花园城市与现代运动。而霍华德(1850～1928)时代发生了基因突变。他以乌托邦理想表达给世界的是一种花园城市的意象。霍华德将现代城市规划最重要的形成概念,简约地表示为几何图形,此图形亮相于 1898 年。那是个预计容纳 3 万人的城市,霍华德的方案是一簇簇集群式图形,基于同心圆的圈圈,虽然同心,然而与意大利文艺复兴时期的几何形之理想城市具有严格的区别。

文艺复兴的城市是三个向度的,与建筑、公共空间以及视野相关的艺术视觉,而花园城市过于扁平简单,是二向度的准社会学概念,而当时这样的规划概念成为压倒一切的目标:将土地硬性地划分为分离的区域一居住的、娱乐的、工业的等,以层级的流通模式相互连接,周围由农田所围绕,没有为人性生活之积极自由地生长与幸福有机的空间生成,留出空白。

现代建筑与规划运动的领导,察觉到这种使用的分割可以通过机械化交通方式而连接的原则来解决工业城市和大都会的问题。这也是 1933 年雅典宪章的核心内容,回应霍华德先生。1933 年的宪章,确定出城市的四个功能:居住,娱乐,工作与交通。期待根据这简单的模式,大规模重建历史城市,包括通过大规模拆除不合标准的住房,取而代之的是开放空间。而新的居住区在城市的其他部分,建造来满足较低的住房密度,城市重新组成秩序,以满足机械化运输的需要,包括至今满足汽车的需要。

拥护追随花园城市概念及现代规划运动理念,对于所有时代和规模的历史城市都具有主要的冲击。清除贫民区,成为国家住房政策的核心部分,而全面综合再发展项目的目的旨在聚焦于城市中心有效的使用——主要是办公室和商店,成为国家规划政策的中心平台,而重新将城市秩序化,这一挑战适应汽车城市,得到了道路运输所需的大堂及汽车制造工业的欢迎。

尽管这些毁灭性的思想元素直至今天依然存在,许多城市尚需从何为城市的前工业时代,以及城市是如何运作的思考中恢复过来。简而言之,如何整个地建设性地积极地生活,与我们城市尚存的历史元素共存,包括19世纪的工业与大都市。

进化,是中心主题。城市是一个生态系统,应该被理解为是一个有着出生、成长、开花、成熟、衰落与腐败这样一个周期,随之而来的是再生。

帕特里克·格迪斯爵士(Sir Patrick Geddes, 1854～1932),将家庭看作是人类社会最为核心的"生物单元",一切皆由此生。根据研究,稳定健康的家庭,为孩子的人格、精神与道德之发育与发展,提供必需的条件和环境,培养出美丽健康的孩子,能够完全融入人类世界生活体系中。他运用地理学场所之流通循环理论,展现了环境与机缘的有限性,并由此决定了人类有限的工作的本质。物质地理学、市场经济学、人类学是相互关联的,三者结合,产生出社会生活的和弦。他将城市看作是共同的、环环相扣的模式,是一种无法分开的相互交织的结构体系,如花朵一样。

这些思想,实际上来自东方哲学——将宇宙视为混沌,将人生看作一体。反对过度极端的新技术、工业化、城市化。其理论旨在找到人与自然之间的平衡,从而改善人类生存条件。

在一个场所的社会和文化发展之间,有一种直接的演化连续,即一个社会文化之根,包括建成环境与遗产,这是市民创造性潜质、个人意志和集体意志的根本基础。

每座城市都是独特的,其文化的演化取决于其地方和人民的特殊品质,格迪斯阐明了文化认同与文化多样的重要性,强调文化在城市生命中的重要性,强调都市中心的偏移弥散,通过强化城市里的文化生命,将建筑与历史文脉相关联,对于一个场所、人民和文化传统之社会过程到空间形成,乃规划与建筑本质。因此,不仅只是将物质环境有序，规划与建筑，是社会和文化演化的基本构成，需要与社会和文化相和谐。关于城市的演化即是关于城市文明过程，即是市民化与公民权成熟过程。人类福祉取决于人与自然环境之间的一种新的平衡。

格迪斯公开站出来反对现代主义者们试图毁坏人造世界或其城市。他寻求一种创造性的能量而非一种毁灭性的能量，来解决现代城市问题。犹如荒野之中的孤鸣，他警告并预言了大量拆毁城市中心以及城市住宅，以及那些高尚社区的疏散与伴随而来的社会一文化遗产，包括那些家庭的毁坏而带来的后果。然而，格迪斯在有生之年仅仅吸引了一小部分群体，他继续以类似于生态学家和保护者的身份，启发着大众的灵性，时至今日。

帕特里克·格迪斯被尊为现代城市规划之父及城市保护之父。

另有一位意大利人乔万诺尼(Gustavo Giovannoni, 1873～1947)，他是工程师、建筑师、建筑历史学家及修复家。大部分时间作为一个建筑师和规划师，教授建筑及建筑保护。一般公认他创造了城市遗产与功能意义上的生活保护理念。他认为建筑师与规划师应该具有三种属性—科学家、艺术家以及人道主义者。其丰富多产但略显混乱的成果，直接或间接地聚焦于现代城市和历史城市在所有层面的相互之间的关系。并得出两者相互依存相互支撑和谐共存的原则性结论，既非同化亦非合并。正确的回应方法是理解并尊重每一地所特有的相辅相成的特质以及相应的机缘。

与现代建筑的无限扩张性特征所表现出的：①快速的步伐及非步行运动形式的动感；②城市布局与建筑物和空间的大尺度；③缺乏文脉感故而毫无任何限制的设计自由等以上三点形成鲜明对照的是历史文化城市所呈现出来的特点：①街廊行人的步伐代表生命的韵律；②城市肌理是近人的适宜尺度；③建筑物体量及公共空间为人而作；④许多人性化活动创造具有可感应的氛围；⑤文脉的同质化连续化而非过度创造异质空间或建筑形体。

他与勒·柯布西埃的毁坏及重建历史城市的思想形成截然相反的观点。他预见到了一座城市的历史中心是其内在联系构成元素的一种充满活力的紧密相连的扩大形式，在市民日常生活中扮演一个基本的明显不同的社会和经济作用。他也反对博物馆式的保护，认为历史的、美学的、旅游的目的，都不能将历史街区分隔开来。认识到一座古城的历史肌理，他并未严格区分纪念物与以谦逊姿态连接它们的民间建筑，认为两者是一个不可分割的一个完整的整体。无论在文脉上还是在功能上，没有对方就无以完整。他完全支持旨在将历史街区的建筑适应并使之符合当代生活的有控制的介入方式，但是，规划这些区域，作为小规模的混用活动的聚焦点，并反对引入不相容的大规模活动。此外，他是制定1931年雅典宪章形成的会议成员之一，并且表明了自己的观点。虽然在他与格迪斯之间并无直接或间接的联系，但基于生物和有机生长植物及控制性再生长的方法用于城市进化的观点，两人有相似之处。

3.4.4 市容概念与城市设计

市容(townscape)与地景(landscape)不同。前者涉及城市设计(Urban Design)，后者主要是规划(Planning，或以往的形式构图)。

市容是城市设计的基石，是与在城市文脉中的建筑保护相平行的学科，并且形成了建筑和城市规划之间的桥梁。

因为市容是三个向度构成之协调与连贯的艺术，是在任何城市景观中的各个部分的构成——包括建筑，空间与外壳，连接与闭合，视图与视野，所有二元对立之元素结合在一起，形成完整的逻辑关系，在某个时期和谐并对比鲜明，静止但不乏变化，所有结合在一起的影响因子，决定了场所与认同的物质意义。

被描述为给予一种城市环境一项以个性的特征性格，包括建筑物的设计，其尺度、风格、质地和色彩，因为宏伟和亲切而产生对比，平淡无味和错综复杂，刚硬和柔软的景观；街道家具；在指示标牌和广告中呈现的书法字体，以及所产生的反应，诸如一个人移动所产生的期待和惊喜。

一些老城或市，是因为时代而产生的，通常是有机的并包容不同时期及不同的建筑风格。这些城市封装概括了好的城市设计的精髓，即在约定俗成中彼此不同。凯文林奇通过五个基本元素：路径、边缘、区域、节点和地标，归结出城市意象，对城市规划和在现代城市尺度上的市政设计贡献良多。①

---

① 凯文·林奇(Kevin Lynch).城市意象(The Image of the City)[M].2版.方益萍，何晓军，译.北京：华夏出版社，2017.

4 鼓浪屿文化遗产的价值延伸

自2008年以来,鼓浪屿展开了申请世界遗产的程序,在自然与文化环境及城镇历史的语境之下,鼓浪屿因为其独特的中外交流的历史背景,以及在中国近现代城市建筑环境文脉中的独特风貌,成功赢得了2017年世界文化遗产正式资格,并将成为留给后人的珍贵财富。

遗产是一种植根于民族和国家的现代概念。在全球范围内,遗产似乎涉及国家与社会关系并具有类似的模式。然而,仔细观察表明,因各种文化、民族和地理环境的特殊性而产生各种变化。换句话说,遗产在不同的时空背景下,在不同的时代和地域,具有鲜明的特色。像许许多多的全球化过程一样,遗产可以在不同的地方和不同的社会,具有完全不同的表现。遗产的呈现,也揭示了各种公共及私人团体面对晚期现代全球挑战的各种不同的回应,包括民族主义的,多元化,国家与社会关系以及不断壮大的中产阶级的影响。

遗产既是一种物质或非物质的存在,也是一种整个社会的想象,被人们用来定义一种集体认同。但是人及理念与技术的全球流动,正在挑战已经建立起来的组织、社区、民族身份以及获得授权的遗产的性质与重要意义。遗产的认识,是如何在一个集体身份正经过重新塑造的时代发生着变化,那些来自外部的概念与理论,正影响着中国典型案例的遗产话语及其文脉,也影响着遗产的决策观念和做法。

鼓浪屿遗产的决策,是一个文化生产的过程。通过此过程,鼓浪屿的人们以及与其相关的那些海外亲属的生活世界更具有意义。在各种公共场合及遗产领域,那些遗产理论家们策略性地发出的遗产话语权,直至传输到鼓浪屿的当下,令本地人在其中找寻到了自己的立足位置。

作为决策与文化生产过程,遗产生成也是一种表演性行为,是一种个人及社区积极情感的表达,更具有政治观点的表达,遗产概念与意识话语,希望被听到、承认和重视,并以民主化的方式出现,以对抗不同社区的复杂性与生活的不确定性。在此过程中,人们通过选择、表达及改变其根本身份,使得早已存在的遗产世界,依然在其社会的、经济的、和政治的控制之内。通过遗产话题,外部群体以传输方式与本地建立沟通,表现文化或亚文化的差异,也同时阐明他们与自己的家、地方、国家政体的关系。

鼓浪屿遗产活动的受益人,以外人角度看,通过考察民族、种族和亚文化团体在鼓浪屿行动和项目,旨在了解这些活动作为全球化中的一种现象,锁定因为人们的迁徙或边缘化而带来的身份认同与主体性,这些或许是由于社会、文化和政治生态意义而塑造。

4.1 鼓浪屿当下诗意的栖居

在国家古籍文献中,其中有 175 篇幅中出现有鼓浪屿字样。这座宋元时期荒无人烟的岛屿,在大航海时代,曾经起到了举足轻重的作用。欧洲人对于远东的遥想,来自意大利旅游家马可波罗笔下那如梦似幻的 Cathay,一个现实与神话融为一体的国度。直到 16 世纪海上丝路贸易的发展,以及葡萄牙人在澳门的落地生根,东西方的文化交流才沿着海岸线拉开,并延展它的丝丝缕缕。16 世纪末,随着在远东以罗马天主教传教士们的频繁传教,耶稣会所采用的特殊策略,最终消融了中国人由于长期以来的自我中心,或自大和自闭于西方世界的局面,原来东西方之间意识形态间的壁垒慢慢消融,明清两代,传教士们已经在朝廷中登堂入室,执掌朝政。这些精心培育和准备的罗马教廷的传教士们,或带来欧洲的宇宙天学、数学科学,或传授西方的艺术、宗教、与文化,他们成为福音的传播者,从欧洲到中国,从中国到欧洲。传教士们回送欧洲的中国形象,是一个与西方文化完全可比的具有深厚文化和传统的国度;而他们带来的令中国人耳目一新的,是欧洲文化与科学的发展与进步。当宫廷中人或上层富裕人士,把玩着欧洲制造的器皿时,也许并未意识到,早在明末清初之交,基督教传教士们就已经润物细无声地将传教使命渗透到中国社会的宫廷上层,最高级别的受洗天主教基督徒是明代末年的大臣徐光启。基于神学和道德的文化,以及与科学技术及艺术相结合的潜移默化,因而这批传教士在中国人眼里,被看作为西方学者。西风东渐,岛屿成为西方殖民者在中国东南沿海首选的居住地。在大自然伟力作用下诞生的鼓浪屿,经过了若干个世纪的人们在岛上的活动，沧海桑田，几经变迁。该区域独特的地理因素与生物圈，构建了她的地质动力。的确，鼓浪屿永远是飘逸的、流动的，仿如钢琴家指尖的音符。

在《存在与时间》中，海德格尔关于人类的无核生存论述中，试图以无核心的人类身份模型，证明人们不是作为离散的点或彼时插入世界的成堆的人类生活来存在的。相反，通过加入人类活动的潮流，从而意识到我们是谁，在这个过程中，我们学会拥有一个团体和身份。一个不参与某个共享的人类生活的孩子是会死掉的。我们无法想象人类生活能够不以内嵌于一个共享的文化或不被一个共享文化构成。① 根据岛屿在中国文化与自然环境乃至在城镇历史语境下，在探讨共享的遗产文化价值之前，很有必要先就鼓浪屿在突出普遍价值与中外文化交流可能涉及的名词与概念进行一下探讨。

对于鼓浪屿来说，传统意味着流动。无论是在历史上大量外国殖民者来此居住，还是当地居民出海谋生，抑或华侨家族和台胞亲属的往来穿梭。如果说，鼓浪屿留给我们什么的话，从物质层面看，环岛的无垠沙滩与海岸，突兀的岩石与山丘，异国风格纷呈的各类建筑，以及丰富的国际人群与全球网络。在非物质层面，鼓浪屿的琴声漂洋过海，海之韵与鼓浪屿之歌，一直伴随着世代人的记忆，飘荡在人们的脑海与心中。

它是基于动态相互作用的众多现象复杂的融合。基于密度的增加，社区邻里与居民间的连续合作，往往造成社会经济的改善。十几年来，人们生活水平不断提高发展，全岛的基础设施有所更新改善，在岛的生产与消费，主要依赖其"国家级风景旅游区"的名称资源。这一资源，不单是因为它有着秀美的自然山水风光和独特的人文景观，还因为它所独有的宾至如归的亲切感觉与环境象征与仪式，都远远超出中国社会所能反射的城市景致。鼓浪屿因特殊的历史与自然环境所形成的独特社会关系，也是一笔丰厚的财富。正是自然与人文这两者共同的因素，构成了这座小岛的风情。

中外建筑文化的交融源远流长。中国的历史上，出现过若干次的中外文化与艺术的交流。作为历史的见证，至今在我国的很多城市和地区，还留有昔日的建筑遗痕，有些，则成了城市里的重要景观。鼓浪屿虽然仅为弹丸之地，然而确如麻雀一般，五脏俱全。岛屿在形态层面、人口层面、经济层面、社会文化层面、管理层面

---

① 海德格尔．存在与时间——现代西方学术文库[M]．陈嘉映，王庆节合译，熊伟校．北京：三联书店，1987.

规划等层面,有许多的向度足以令我们今天进行更为深入的探索和研究。

社会学者与地理学者经常对所选地进行彻底调查并经常将其归结为一个整体,但经常只见森林不见树木,忽略整体中的象征性向度及其相关解释。而另一方面,建筑学者与人类学者,对于符号与仪式等有所关注,却只关注细微的符号与仪式,只见树木不见森林。如何弥补学科间隙,成为当代城市人类学、特别是文化遗产领域的关注点。聚焦于所选地的文化向度,朝向以建立符号和仪式的分布和意义及其与文化环境的关系。其中心内容,是研究社会生产与再生产,以及象征和仪式的消费。仪式是意义建构框架内经常性的行为规范;而象征,相比标志而言,是一个意指其他别的什么的东西,其蕴含所承担的外在价值,特别是世间百态在城市空间中的分布以及对其现象的描述与分析,包括贯穿不同的现象而呈现与表达,例如,一地的布局、建筑、雕像、街道与地名、诗歌及礼仪、节日或节庆,当然也包含神话、小说、电影、音乐、歌曲、打击乐以及网站,这些都可以称为是符号承载体。

一个浑然一体的鼓浪屿,其中包括符号与仪式等在内的文化维度,很少也很难被确定为科学。无论旧时还是今天,它都是处在中西方文化艺术(包括建筑)交汇的前沿。多少年来,一直饮誉海内外,备受世人的青睐。鼓浪屿的建筑,是受到古今中外建筑影响而形成的折中主义风格的建筑的代表。既有古希腊、古罗马的山墙柱式,也有文艺复兴的立面檐口,既有西方建筑的堂皇威严,也有东方建筑的端庄秀美。这些建筑,带着昨日的辉煌,屹立在世人的面前。鼓浪屿不仅有建筑,还有诗、画、音乐。山川钟秀,人杰地灵。这人文荟萃的岛屿,正一天天展现她的魅力。而鼓浪屿的人文景观,包括断瓦残垣,尤其是它那些古老的、优美的建筑物,更是鼓浪屿的内在精神。这些不仅是鼓浪屿的文化遗产,也是中国的珍贵遗产,更是世界乃至全人类共同的遗产及智慧结晶。

4.2 鼓浪屿的经济价值

就建筑形式设计而言,建筑的设计样式是财富的表达;就建筑的使用功能而论,建筑的再利用可以保护资产价值;就精神情感而论,遗产建筑能够带动旅游同时也使得资产增值。

某华侨公馆的外观　门楼、内院。屋顶采用穹隆造型，增强了此公馆的个性和可识别性，是主人地位的炫耀，俗称“金瓜楼”

鼓浪屿八卦楼所带有的经济价值分类两种，一种是八卦楼建筑本身经过整合改造和再利用后作为展示馆对公众开放时所产生的经济收益，包括观展门票的收益和纪念商品的经济收益等；另外一种是八卦楼作为城市地标性建筑和城市主要印象构成元素之一时所带来的旅游效应的经济价值。

林氏公馆　又名“八卦楼”。其体量庞大，豪华庄严，所用的砖石木材均选自台湾。由美国工程师设计，本地工匠建造。耗资巨，历时久，成为鼓浪屿的象征

吴氏宗祠现已成为鼓浪屿旅游资源的一部分,成为闽南传统文化展示馆,有利于提升全岛的艺术文化氛围。由于管理和制度要求必然导致的对公众参与的限制,原日本领事馆缺乏文化和商业交往带来的城市社区活力。这一点将在改造后的展示馆伴随引入当代经营策略而有所改变。展示馆的商业性经营和自由度较高的展品售卖流动,提供了吸引经济活动的目标和平台,与此同时,仍旧保留作为文化旅游景点的场地之一,希望游客与居民的参与强度能够提升和保持这种吸引力,形成可持续的经济效应。在现代社会的发展中,建筑除了艺术价值之外,也不免具备了相应的经济价值,甚至可以说,经济价值和艺术价值是相辅相成的,建筑在现阶段某种意义上也可以作为一种产品来说,建筑艺术也具有了价值,而这种价值可以给相应开发商带来一定的利润,对于保存较好的建筑,相应的经济价值能够提供建筑的持久保存,并且维持它的活力,而对于保存不佳的建筑,合理地发现其经济价值能够改善其现状,赋予其新意义,让“失活”的建筑得到更新。

华侨公馆　采用西式的建筑造型,中式的庭园小品

鹿礁路幼儿园

某别墅及其砖墙细部　用本地产的暗底红色条纹砖及泉州白石和青石建造的别墅

某公馆 着重强调入口序列,以增强建筑的庄严感入口的细部 精雕细刻,令人叫绝

用石材建造的学校

用石材精雕细刻的别墅入口

而海天堂构在2006年进行革新时便是考虑到其经济价值,一个原本失去活力的住宅建筑要如何重新回到人们的视野之中,首先是要赋予其新的意义,开发商合理地将休闲和观赏、建筑文化和非物质文化遗产融入到几座建筑中,让颓废的建筑焕然一新,成为鼓浪屿“旅游链”上不可或缺的一个节点,这样的一个改动,让海天堂构具备了经济价值,能够维持自身长远的运作,也让人们能够重新了解这座建造精美独具特色的建筑。就经济价值而言,第一阶段旧址作为外国人俱乐部时,具备一定的经济价值,但相应很弱;第二阶段海天堂构成为住宅,是不具备经济价值的;

在第三阶段它的内部做了一个更新，从对外开放的三座建筑来看，都具备了一定的经济价值，但是平行相较来看，作为展示馆的两座建筑具备了更为突出及稳定的经济价值，而作为咖啡厅的两座似乎联系较弱，其经济价值也相应较弱。

鼓浪屿遗产建筑再利用为家庭旅馆

在中外贸易交流中，闽商在东南亚乃至与欧洲和北美以及南太平洋的贸易网络中，起到了非常重要的引领作用。事实上，早期欧洲传教士们对于中国的造访，留下了许多科学、文化与艺术遗产。明清两代大多数的欧洲传教士多为欧洲天主教耶稣会会士(Society of Jesus, Rome, 1540～?)。他们对于科学和文化的孜孜追求，为中国也发挥了很大作用。早在1678年，比利时天主教耶稣会修士、神父南怀仁(Ferdinand Verbiest, 1623～1688)，得到康熙皇帝首肯，致信给在欧洲的天主教耶稣会神父们，敦促在欧洲的耶稣会士们来中国传教。当他的信件辗转到达欧洲时，已经是1680年了。当时适逢欧洲也正酝酿此事。法国国王路易十四有意识地应对清朝皇帝对于科学、文化与艺术的喜好，精选了一批耶稣会士，并根据他们的学术造诣是否能满足康熙的兴趣而挑选由法国耶稣会会士洪若翰(Jean de Fontaney, 1643～1710)率领其他招募的六位传教士受路易十四派遣到中国传教，并因为以奎宁治好康熙的疟疾而受到皇帝赐房赐地的厚待。

鼓浪屿“中国商人”室内

当康熙皇帝赐予皇城内的房屋给法国传教士的那一刻起，就为异国元素融入本土环境首开了先河。伴随着皇家在土地、材料、与资金方面的慷慨捐助，传教士们开始在异国土地上兴建起欧洲风格的建筑与园林，包括康熙时期教堂的兴建与改造，北堂附近皇家玻璃工房的兴建，以及最为著名的雍正时期圆明园中的各式西洋建筑西洋风景的营建。[①] 直到鸦片战争之前，这种西方文明的渗透，一直得到包括鼓浪屿在内的各地的回应。

对于某一处场所精神的人文营造，是来自当事人本身所具有的传统、文学，与各人的记忆与联想。植物的气味与对植物的观赏，令人回想过去曾经的某个瞬间，同时也存储起来作为未来的回忆，或者将人们与诗情画意联系起来，这也正是海上花园鼓浪屿与其居者的世纪故事。常见一些中式外观的住宅，内部却是西式的，设置有壁炉。爱奥尼风格的柱头，科林斯风格的壁柱。一些室内楼梯的栏杆雕花，有的模仿欧式做法，带有矫饰的痕迹。相反，一些西式外观的别墅，内部却完全是中式布局，明清风格的桌椅、床榻，传统的落地罩和博古架，以及古色古香的中式屏风、古董器玩。而往往更为多见的是一般家庭中的那种中西混合的家具陈设。

与鼓浪屿住宅艳丽的色彩相比，室内则较清爽、质朴，在豪华的别墅中，家具以色调凝重的为主，也有以本色出现的。彩色玻璃偶尔用作局部的点缀，装饰在家具上，门、窗及屏风隔扇等处。少数人家依然受到根深蒂固的习俗影响，保留着闽南传统生活习惯和生活方式，正厅中供奉着祖先牌位和神灵塑像，因此，正厅常具有祭祀和接待的功能。

室内的气氛，除了受装修和家具等影响外，家庭的生活方式、风俗习惯、人员构成及内在素养都起很大的作用。鼓浪屿人在很多方面继承了闽南人的传统习惯，在另一些方面，则因为条件、环境的影响而西化了。这些西化的生活方式，必然也在室内的气氛之中有所表达，使鼓浪屿住宅的室内风格与传统闽南式风格相比，发生了实质性的变化。室内的装修，显示了鼓浪屿人特殊的背景和品位。即使是地地道道的鼓浪屿本土人，也由于久居于中西生活方式混合的环境氛围中，室内装饰远离了正宗的闽南式室内风格。地面，常见的是用本地生产的地砖铺砌，分有釉面砖和无釉面砖两种，一些地砖带有暗花图案。这些地砖有很好的防潮功能。木地板和花岗石地面，则见之于豪华的公馆、别墅中。室内墙壁四周，有的人家做了木墙裙，规格更高的则全部装修成木墙，天花也做成木制吊顶，有传统的平綦、平闇两

---

① Mei Qing, What can we dedicate to you? [R]. 2013年2月美国盖蒂基金会“联结海洋”主题论坛论文.

种做法。更为豪华的家庭则用上等木材制楼梯、门窗、壁炉等陈设,雕刻十分精致,线脚笔挺,油漆质朴,亮泽。家具陈设,根据各家的需要、爱好和口味而有所不同,但几乎每家每户都有钢琴,由此,使鼓浪屿被称为钢琴之岛,培育了大量的钢琴演奏家。

鼓浪屿宾馆的室内

4.3 鼓浪屿的政治价值

首先一个是关于什么是世界主流的遗产,这常常以是否成为联合国教科文组织认定的世界遗产名单作为判定的依据;其次,当地日益认识到遗产及其相关的概念,对于遗产价值的评估,往往由政府评估。当地参与遗产或博物馆政策的制定而非被动的接受者。这种自上而下和自下而上力量间的相互作用,构成了鼓浪屿必将成为在中国现代化与全球化中,一种流动性的世界遗产范例的产生,并且由此创造出鼓浪屿历史建筑再利用为博物馆,以及历史建筑本身即为一座开放性博物馆中的丰富展品的实验性场所。

作为一种增强民族认同的有力工具,遗产创建和增强社会关系,价值观念,以及一个民族的过去和未来的含义。自从中国 1985 年获准加入联合国教科文组织世界遗产公约以来,至 2017 年 7 月止,已经有包括鼓浪屿在内的 52 处地点落户为世界遗产。世界遗产公约的获准,表现出我们的国家努力去拥抱全球化,建立自己的国家认同,并通过文物保护,振兴文化传统,促进旅游业并追求经济发展。在中国的遗产话题，为本地化与全球化之间，为文化与经济之间动态协商创造了空间。

就遗产建筑形式设计而言，建筑样式作为政治符号；就材料质地而言，材料使用作为权力的表示；就使用功能而言，与政治密不可分为政治家们服务；就传统工艺而论，权力决定使用何种传统工艺；就位置环境而论，政治决定建筑在环境中的地位；就精神情感而论，历史上哪段时期何种建筑具有价值，都因政治。

建筑的符号，对于其认同与其形象，都具有极为重要的象征性作用。这种象征性符号，以往很少与环境生态联系探讨，并且很少受到真正的价值评定。这些细部象征，实际上形象化了一种生活方式：看到一座住宅或亭台的栏杆，常让人想到独倚栏杆的倩女，凭栏远眺的诗人。鼓浪屿住宅的栏杆所产生的，不是这样的意境。大多数住宅的外廊十分宽敞，很大程度上是室内空间的延伸。湿热的气候，使凉台成为夏季主要的生活空间。桌椅茶几布置在有顶盖的天台、门廊上，合家围坐，其乐融融。这些敞廊，有些是四面环绕的回廊，有些是三面或双面的柱廊，以东、南、东南方位为主，有的只在正面设置门廊，与入口及客厅相接，以迎纳清风明月。这些建筑的廊子以古典式的柱子和拱券连接起来，给建筑的外观增添了无限的灵秀。一个门廊半个家，这对于鼓浪屿的建筑来说，绝非夸张性描述。栏板及栏杆，在门廊、天台中格外醒目而重要。它们大多选用最为上等的泉州白和青石等石料制成，经过雕刻、磨光、拼接图案及严丝合缝的处理，整体感很强。有些则是整块的石材雕成的。另外也有用琉璃瓶或上等红砖有间隔的排列出图案和韵律。远远望去，有无穷的乐趣。

在由外而内遗产概念的传输过程中，至今，有许多关于遗产的概念与政策如何全球化操作的学术探讨和学术批评。同样存在着一种人种学研究。此鼓浪屿案例提供了一种地方一级的实证研究与全球遗产话语之间建立一座桥梁。在中国的现代化和全球化的进程之中讨论遗产话题，我们力求调查全球的遗产政策与中国的实践之间的动态的沟通，而不是假定一种以欧洲为中心的遗产话语权的必然性操作体系。我们试图开拓国际制度与国家和地方的介绍。同时希望在日益变化的具有经济和文化价值的中国，解释、想象、与实践遗产的紧张局势与机会检视。带着这些问题，我们将进一步探讨：诸如遗产、保护、博物馆、真实性，这些在欧洲出现的概念，是通过何种路径及以何种模式传输到中国的？这些观念和概念来到中国本土后，是如何产生交互作用的？这些观念和概念，是如何经过专业的翻译与解释，并被大众想象并实践的？全球遗产体系通过何种过程与实践投入各种运行，并且转化到国家与地方的各个层面的？国际专业团体，包括遗产专家和自然保护主义者，在塑造中国遗产从业者和管理者身份中扮演了什么样的角色？反之亦然。关于遗产保护国际层面（例如世界遗产）的文件和决定如何传到中国，而各级地方行动又是如何占用、洽谈、抵御或全部或部分地抵抗和忽略这些？在哪些方面，地方上的遗产决策者，争取到国家和国际的代理权，以满足其经济的和政治的议程？国际旅客和全球旅游经营者，想象和影响中国的遗产旅游？以及中国又是如何应对的？以及中国也许是越来越重视塑造全球遗产政治？遗产话语的全球动力学有关的愈演愈烈的概念、对象、媒介、和人的流动性。以跨学科的方法，深化遗产体系在文化和经济全球化时代的复杂画面的洞察力，通过这样一个调查命题：即文化是通过跨文化关系所形成的人类社会的属性，此命题将对于遗产政治、记忆、治理权力以及复杂的经常是矛盾冲突的权力与文化关系展开联想与讨论。

5　保护技能与保护设计

本章探讨对于保护者所面临的对历史和艺术品的总体技能。

5.1　感知与学习

保护工作者最主要的是能在视域中意识到物体,因此,视觉感知的本质影响了保护者对于物件如何看,如何理解。当我们观察时,我们持续地获得环绕我们的世界之更多的信息,色彩,细部和质地。人类通常不会看到单独的图像;视觉图像作为一连串信息和与其他关联图像(即文脉)的一部分出现,因此,当寻求辨别一个物体时,我们从一组受限图像中选择在较高的思想层面到达一个过程,可以称为判断,可以定义为是一种解决从前不曾遇到的问题的能力。人们常用推理过程,这能使人们运用集体判断来修正或支持自己的判断。这种比较机制可能导向一组准确和有计划的行动,因此,有益于集体并由于演化过程而受到青睐,更为完善的推理形式是逻辑和计算,因文化而发展的同构。

有两条路径可以引导向模式认知和模式判断。经验告诉我们两者都可以实现。以观看的方法,一条直觉线,通过现存事实已经画出并形成完整的图像、理论或思想。这在理解我们所体验的一切之中提供了直觉的无意识的跳跃。另一条是紧随观看的推理过程,并跟随着以逻辑推理的步骤,通过一些事实而直接指向从观看过程而表示的理解。推理的方法将修正最终的图像和理解。

这些感知的模式,如果粗略地解释,是人类所具有的看和理解的能力,行动的能力以及沟通的能力,洞悉的敏锐与推理的缓慢。学习复杂体系的能力以及对专家们已经处理此一领域问题的熟稔程度。要推导出对一件复杂的文物古迹或所呈现的图像一系列清晰的理解是一个较为耗时的事情,是一个不断重复的过程,包括发展思想理念,用此理念解释所观察到的事实,并修改或提炼这些思想,直到与事实相符为止。①

5.2 保护中判断

当进行一处古迹的保护时，保护者不应该采用再三重复的过程，既然每一处遗址每一项遗产都是独一无二的，应该遵循一个具有很多可能结果的大量选项的合理判断过程。判断，就是“在事实尚未清晰确定时，在指示指标与可能概率基础上所做的决定或结论”。当将此判断一词应用于保护这一复杂过程时，事实上包括如下 2 个方面：

5.2.1 知识

一系列事实及相关的理解，将其形成了一个连贯的有意义的理论。在保护中，这可能是关于保护本体的知识，或者是诸如机械清洗的一种保护处理的可以说是实质性的专门知识。

5.2.2 权重/加权因子

这主要是关于指示指标与可能概率，可以明确为定义了一项成功的结果，通过使用这种技巧或这一因素在其特定环境中的重要性，可以描述为是规范的专业知识。

5.3 调查历史建筑 I

调研这个词有很多各不相同的含义，而当用于形容一项建筑类的专业服务时，

① Lisanne Gibson and John Pendlebury Valuing Historic Environments (Heritage, Culture and Identity)[M]. Ashgate, 2012.

则需要在调研之前加上一个适当的形容词来界定它的含义。主要的调研类型有以下几种:①测量测绘调研主要提供关于这些建筑设计、建造和外观的图纸;②评估调研主要是为获取、赔偿、废弃、投资、保险、抵押或估价等目的而进行的;③结构调研是通过评定建筑的现有状况来起草报告书、现状明细表、破损明细表以及关于保护和修理项目的详细说明书;④考古调研是对早期社会遗留下的物质遗迹进行调研,其中包括在地面、废墟和地上建筑之下的考古沉淀。建筑调研常被描述成一种对建筑全面的、批判性的、细致入微的并且是正式的检查以便于确定它的现状和价值,并且常常以包含了以上信息的书面报告的形式呈现。

5.3.1 建筑调研的本质

为了使对于诸如获取问题有合理的评价,使关于改造或维修的政策或程序有清晰的表述,一个用于建立房屋现状的全面调研是必要的。尤其当这幢建筑很古老,并且成为我们这个社会建筑的或历史的遗产之一时,这种调研就显得愈发重要。这样的建筑物不仅仅长时间暴露在使其衰败的各种作用之下,而且还有可能受到了与其功能不匹配的使用、不妥当的结构改造或者疏于维护修整等因素的影响。

对于建筑或构筑物现状的评估应该以众多的事实作为基础。其中最主要的数据一定通过调研一手采集。其他数据则可以通过存档资料获得,包括图纸档案、早先的调研报告以及维修记录等。当然这些要与提及过去、当下和未来功能模式,业主期望和专家委员的报告等信息综合起来考虑。

要对建筑的物质现状有一个精准的把握,调研人员必须具备有关于建筑物如何建造,如何在多年的时光中发展变化——包括结构和建筑设备的增加和减少——的完整的认识。除此以外,调研人员还必须对建筑物过去的使用情况、将来的改建目标以及建筑物对侵蚀作用的反应有清醒的认识。

一旦调研完成,其他数据也全部采集到了,这些资料就必须仔细的进行加工整理,最终以书面报告的形式给出对该建筑物质现状的合理评估。决策该建筑今后的维修、保养和改造工作时,这种评估报告通常是最有影响力的。

建筑调研需要做得逻辑而系统。这就要求调研人员具备以下素质:①清晰的分析思维;②综合的结构知识(包括当下和早期);③材料学知识(包括他们的性质、适用特点和限制);④了解建筑物侵蚀、损毁和功能退化的原因。调研和检验的区别在于,调研是一门艺术,而检验则被看作是科学。调研人员的工作具有多学科综合性本质。

5.3.2　建筑调研的目标

为了为某些特殊的目标,我们着手进行建筑调研。这样的目标可能是:①为抵抗未来可能的贷款抵押风险和所有权的转移给建筑造成的损害,确定其商业上的安全性;②为潜在的购买者或承租人提供信心,让他们为修缮费用买单。同时也为有意巩固揭露实质性问题的买家和卖家委任的报告;③确定建筑物的稳定性和遭遇天灾人祸破坏的风险;④确立建筑物因失修而损毁的责任制度;⑤当破坏先兆显现时确定责任人的过失;⑥确定先前的修缮维护的效力;⑦在法定程序开始前评估失修等级;⑧确保顺从法律要求;⑨理解并用文件记录影响建筑状态的因素;⑩为预订计划作基础;⑪为建筑物的自然演化做准备。建筑调研常常是保护工作最基础的先决条件。

5.3.3　对现有建筑的保护

对现有建筑保护工作的类型和范围是非常广泛的。然而那些用于表述各种原理的工作却常常被人误解或者被一知半解的应用。下面几点定义将阐明建筑保护工作的范围,并且为这种工作的发挥余地提供言简意赅的诠释。涵盖如下方面:

5.3.3.1　保护

一、保护与再利用,能让建筑能够适应某些社会性的用途,保护建筑免于荒废和损毁。这包含了可以让我们文化的和自然的遗产继续留存的一切努力。二、保护性加固,包括了保持和修缮两重含义。目的是为了延缓建筑物和纪念物因暴露在各种侵蚀作用下的衰败。三、保养维护,是各种技术和行政措施的综合体。包括有意识地保留某些或健全监管措施,确保建筑能提供人们所需要的功能。四、原貌保存,在不添加和移除建筑物原有构建的前提下使建筑物完全保持原真状态不变的方法,因此这种建筑才能继续长久的流传下去,其携带的有关自身和岁月流逝的历史信息也将长存。五、修缮,应对损毁或侵蚀的必要手段,以防止更进一步衰败并重塑结构的完整性。六、稳固,应对紧急情况的临时性手段,以确保建筑物的安全并且减少进一步的损失和破坏。

5.3.3.2 改造

一、适应,调节建筑物功能上的变化。这种变化可以是改造和扩建。二、改造,改变建筑物的结构满足新的使用需求。三、变换,使某种特定种类的建筑适应另一种类的用途。四、扩建,扩大既有建筑的建筑面积,在竖直方向可以增加曾数,在水平方向可以增大平面面积。五、改进,给建筑物和建筑设备升级到先进可以接受的标准,可以通过改造、扩建或者某种程度上的主动适应。六、现代化,提升建筑的适用条件,达到社会公认的和规范规定的标准。七、重建,以老建筑现存的材料和成分为主、以与老材料相似的新材料作补充,运用与早期工艺相接近的建造手段和技术,并且以现存的地基和残存的结构以及历史上的和考古证据资料为基础重现历史建筑当年的风貌。八、翻新,翻修建筑来满足客户的要求。九、复原,满足社会需求并且在经济承受能力之中的,超越计划内维护的工作,目的是延长建筑的生命。十、迁移,分解并在新址重构建筑。十一、革新,恢复建筑到一个合理的状态,可能包含某些变换的工作。十二、修复,以某个特定的时间或时间为还原点,修复建筑的主体或装饰部分。十三、复兴,新置或改进建筑设备来延长建筑生命,可能包含某些修缮的工作。

5.4 调查历史建筑Ⅱ

每次建筑调研都是按照预定的标准和惯例进行的。调研工作者和客户都可以发起调研,法律也可以。通常使用一个标准的评价形式。这种评价形式集中在那些建筑物的外表、与典型建筑有关的直接场所。

然而,在历史建筑这种前提下,那种标准化的步骤常常并不适用。除非这种指定的形式能有一定程度上的灵活性,那么这种调研将会是严重冗长的。

条件与质量这两个理念曾经被认为是相互关联的,而从某种程度上说,现在依然如此。能够意识到这一点对于调研者来说也是十分重要的。如果要对这两项的其中一项做出准确的评估,首先必须承认另一项与此关联的重要性。人们占用和使用建筑的方式或许会发生变化,但是人们依然必须了解建造建筑的决定性因素以及影响设计和选址的因素。

5.4.1 建筑调研的基础

在对每一幢建筑进行的建筑调研,意图都可以是不一样的。对于同一幢建筑而言,不同时期的和不同情况下的建筑调研也是不同的。但无论建筑调研的目的如何,某些特点,如对建筑事实的考证和表达都是一样的。无论如何,一些探讨细节性的方法和标准的问题还是会存在的。

5.4.1.1 评估的范围

在某种情况下,建筑调研的范围可能会受限于一些特别的缺点或者建筑物的某些元素,而不是整幢建筑。对于很多建筑,尤其是那些新近建造的而言,我们通常使用规范化的调研程序和评估标准。标准化的评估程序可能对那些有了念头的历史建筑并不完全适用。因为历史建筑年代久远,也因为它们的构筑形式(可能是非同寻常甚至是独一无二的)或规模。在这些情况下,设计一个适用的构架就显得必不可少了。具体的操作工作,包括建立评估标准和准备详细的调研清单等,将全部在这个构架内进行。

无论调研工作的范围如何,从这些检查中获得的发现,常常会促成调研报告的主题。在报告中那些发现将被列出,并且以清洗简要的方式分析。而报告的主题可以选择普遍的和个别的问题,同时提供一些可靠的信息来源。

5.4.1.2 专家意见的级别

一份评估的质量取决于调研者个人的专业技术和判断力。这些技能都来自就业前和工作中的训练,实践经验和连续的职业发展则会让他们日益娴熟。

调研和评估一幢历史建筑的现状并不简单地作为一般调研工作的延伸。只有那些具备了必要的专业知识、技能、实践经验和透彻理解的人才能给老房子一个精确适用的评估,才能处理好老房子带来的一些特殊问题。

还有一些形式的评估则要求实施调研的人受过相当程度的专项训练,并且具有一定的工作经验。政府组织的四年一度的建筑检查通常有专家顾问团主持。1991 年开始改进了从 1955 年就开始实行的五年一度教堂测绘普查,提出执行调查的人员必须是取得了相关资质的个人或团体。

当评估报告只是基于一个标准化的模式而并不具体贴合实际情况时,调研者应当注意到历史建筑的特殊需求,并应向委托人咨询更多的情况说明。

因粗心大意而产生的法律纠纷日益增多,再加上随之而来的保险赔偿金,迫使许多调研者认真考虑他们手头从事的这项工作的本质。同时,许多正在进行的建筑调研项目之中的一些潜在的危险也使得调研者谨慎对待自己的工作。

5.4.1.3 专家意见的级别客户的预期

在项目的初始阶段对客户的需求有一个全面而深入的讨论并且呈请他们的预期是非常重要的。只有这样评估标准和服务层次才能被确定。在签署合同前必须完全搞清楚各方权利义务的范围、工作要求的深度水平以及合作期限等内容,使得客户明白乙方提供什么样的服务以及甲方需要花费什么样的代价。很多项目通常都会引致一些有用的小册子向客户们清晰的展示乙方提供的一系列标准服务和附加可选服务的信息。

如果甲方是法人团体或者公共机构,那么很可能他们很清楚调研的内容和所运用的评估标准。他们也可能会要求调研人员的工作按照他们指定的形式实施。

如果客户并不熟悉历史建筑,却又想购买或用其他方法获得他们感兴趣的建筑的所有权,这时候就要求调研人员必须有能力帮助他们确定调研的范围并且对该建筑的实用性和修缮维护的开销做些预估。也可能客户希望从这样一座历史建筑中获得的东西需要某种程度的改造或设备升级,这些改造或升级却并不尊重该建筑本身或其所在的周边环境。这时候调研人员必须恰当的建议或者帮助客户调整他们的预期,也可以鼓励他们去寻找一个更合适的建筑来实现他们的设想。

为了帮助调研人员向客户提供有用的服务,1990 年四月英国皇家建筑学会出版了一本专门指导有关历史建筑的建筑学服务的小册子。一份相似的文件也正被英国皇家特许调研师协会起草。

5.4.2 详细的调研方法步骤

检测和撰写调研报告时组织信息的基本方法已经被很多组织研究过。这些包含从详细的形式上的内容倒简略的清单;一些被发展成为某些明确的用途或形式的建筑所用,另一些则转向单一地为某一套特定环境服务。

初步的调研及资料报告,在一般条件下,介绍地位及所有情况,建筑的历史及意义,包括如下几个方面:一、外部:屋顶覆盖物,雨水处理系统,女儿墙及垂直墙面,墙体,木制门廊、门及顶栅窗。二、内部:塔、尖顶,时钟及其围护物,屋顶及天花镂空,屋顶结构,天花装饰,上部楼板,阳台,楼梯通道,隔板,纱窗,嵌板,门及门式家具,底层结构、木制平台,装修、支架、家具及可移动物,厕所、厨房、礼拜室等,风琴及其他音乐设施,纪念碑、墓碑、牌匾等,一般服务设施,加热设施,电气设施,声学设施,避雷装置,防火设施,伤残通道构造,安全设施,特殊设施。三、庭园:墓地,遗迹,纪念碑、墓碑及拱顶,边界墙、墓地门及围栏,树丛及灌木丛硬地。四、建筑、设施、沉降的综述:损坏程度,使用功能匹配度,维护及日常保护程度,主要问题及缺陷,维护、修补及提高的主要建议。五、调查目标:主结构,整合烟囱,屋顶覆盖,雨水处理,外墙表面,外墙门窗,外部装饰,屋顶结构及空间,楼板、天花及楼梯,内分隔,房间,装修及家具,装修及物件目录,服务设施,安全及防火预警,园景建筑及花木种植,园景建筑工程,其他与建筑相关的特征。

5.4.3 历史性建筑调研形式

在描述怎样对历史建筑进行调查之前,有必要确立能够赋予一个建筑或构筑物历史性的因素,同时应考虑这些因素会对调查、评估以及汇报的准备工作带来什么影响。历史性建筑一般定义为:“一个建筑学的、历史性的或具有对考古学影响的建筑物、纪念物或结构。”这个定义继续描述道:“其他人可能因历史性建筑其艺术上的特征或是年代也应同样受到特殊的关注而提出申辩。”所有的这些理由在进行与历史性建筑有关的工作时都十分重要。

5.4.3.1 建筑形式

已经有很多关于某种特定的建筑形式的起源于发展的内容,包括乡村建筑、平台建筑、铁路结构,以及在更大的范围上,还包括地域性建筑,在它各自拥有的权利方面都是研究的主题。虽然这类是对有代表性的典型类型的研究,但同样可以得到相关的主题,例如材质、建造技术、工作情况,以及对同时代的标准及规范的影响。

5.4.3.2 分类

将建筑进行分类有助于帮助人们整理所得到的一手调查研究资料及间接的材料资源,同时它提供对某一特定地区或地点的有用的纵览。当地的研究及相关的人群也能协助提供其对于这一地区历史及其人民的理解与看法。

在考虑一个特定的建筑类型时,重视有关这一主题潜在的范围的内容,以及不同方面内容的相互影响是十分重要的。例如,有关工业纪念性建筑的研究可以分为很多不同的标题,每个标题可以继续被细分,以便给出有关这个主题的一个全面的范围。

5.4.3.3 辨别

当视察和评估一个特定的建筑或结构的状况时,将它跟与其紧挨着的相邻的物体,以及其他在同一块地上的相同时代相同类型的建筑分开来观察评估它会比较容易。然而如果这样做的话,调查者将会失去完全理解这座建筑在当文脉关系下所要达到的目标的机会。同时也丧失了评估它的历史性以及当代重要性的机会。

来评定一栋历史建筑状况的调查人员应该重视并尊重这座建筑形式的历史,对材质与结构方式也应采取同样的态度。

某些建筑形式会承受特定的由于建造或使用行为所带来的问题。调查人员会根据经验预料并确定这些问题产生的必要条件。例如,教堂的钟塔易由于钟鸣引起的压力而产生垂直向“钟鸣缝”,但由于屋顶上压力的传递使得更深的缝隙往往在角部被发现;因此教堂的钟塔及中厅两者会产生不同的移动,从而产生结构开裂。

5.4.3.4 特殊建筑类型

基于对建筑以及其使用功能的研究,很多建筑由于其结构或初始的目的不同而呈现或错综或个体的特性，从而导致标准的检查及评估手段在这里将完全不适用。

每种“特殊形式的建筑”所面临的是跟它的所在地，使用或者结构形式相关的特有的问题。在大多数情况下，建筑原始被建立起来的目的已不复存在，只留下建筑附属在不相称的新功能上，或被忽视，并渐渐腐朽。

由于它们特有的属性，这些特殊形式的建筑需要人们具有专业的知识以便能够理解它们常常具有的独一无二的结构形式以及与之相关的问题。

5.4.3.5　特征与认同性

对建筑物的思索推测以及大量的建筑产物降低了建筑的特性，占大多数比重的现代建筑似乎使现代建筑将自身降低到陈词滥调的水平。甚至十分出色的新建筑也常常不得不妥协，其创造性被阻隔，不得不被强制性地接受标准及制度。设计的挑战更多的在于问题的解决方式上，而不是在于达到如同 20 世纪建筑师菲利普・约翰逊所描述的“为光辉，美好，以及永恒而建筑”的状态。

判断历史性建筑的美学与价值跟进行设计一样主观。部分地说，这种辨别来自对建筑物质特征的理解——它是如何被建造的以及如何实现它的功能。同时还有一种美学上的辨别——一种对设计的感知和理解，以及对岁月形成的古色的尊重。建筑因此可以成为传达潮流，财富，以及个人信仰的工具，无论它是座优秀的建筑抑或卑微的住所。

为了能全面的意识并领会建筑的价值，理解它的目标及意义是十分重要的。首先是它的设计所要达到的功能，以及这种功能是如何实现的；其次便是建筑所使用的语言。

建筑和艺术是一个国家文化遗产最明显的例子，但同时其他具有创造性和自然美学的表达也应受到同等的尊重。这类纪念建筑的意义可能超出大多数调查人员的知识范围，但即使这样在这些纪念建筑中仍有值得追求探索的暗示。

6 鼓浪屿遗产保护性再利用设计

物质遗产在当代文化与社会中具有重要的功能,因此,遗产保护是一个基本的社会功能。价值与评估过程关乎理解文化遗产的重要性及其命运,关乎构成它发现其意义的社会与社会组织,而遗产保护本质上是一项集多学科知识的行动。文化遗产和其他文化表达并不是静止的,因而是有社会关系,过程以及来自全社会的(而不仅是保护专业人士)各个相关部门共同产生并持续产生的过程。协商与决策制定过程对于理解社会中的遗产作用极为关键;我们需要学习并更多了解这些过程,一般而言,更为广泛的社会参与到这一过程中来是必不可少的。①

历史建筑的生存,必须具有被认同、理解和重视的文化或商业价值。但是维修和保养的费用经常超过其拥有者或者机构的基金。在此情况下,用于历史建筑遗产的花费,需要在经济和社会上有看得到的回报。近期,鼓浪屿列入遗产地核心建筑名录的房产,因为遗产地申遗的目标与愿景,将可以同新建筑一样发挥作用。这便吸引了租户,从而获得了同其他种类房产相当的租金增长额度。然而限制性的规定和不确定的因素仍会使长期的投资和价值的增长受到阻碍。对于那些可以获得令人满意的商业回报的建筑类型,不论是其原本的角色还是改造之后的,它们的价值可以毫不费力地被评定。对于那些无法改造或者再利用的建筑,它们本身提供的用于教育、娱乐和休闲的有价值的资源尚需讨论。这样的建筑需要宽容对待。

6.1 创新整合设计——色彩研究展示馆

鼓浪屿在历史上是多姿多彩的。在蓝天碧海的映衬下,传统建筑匠艺运用传

① Erica Avrami, Randall Mason, Marta de la Torre, Values and Heritage Conservation[R]. The Getty Conservation Institute, 2000.

统的红砖与白石墙,令鼓浪屿在阳光的照耀之下熠熠生辉。值得注意的是,过去由于本地居民搬离鼓浪屿岛,许多建筑转型为商业用途的空间。过度暴露于商业的噪声与各色商品色彩,可能会丧失鼓浪屿的原有的高雅文化氛围。应更加重视对当地居民的色彩环境的保护问题。

6.1.1 研究范围与基地概况

通过建模技术的色彩文化绘图映射,需要处理大量的复杂的地理参考数据,以支持有效的遗产建筑之再利用而带来的旅游规划、城市规划和风险管理,这反过来又需要更多的处理地理参考数据。鼓浪屿经历了两个辉煌时期,一个是在 20 世纪初的殖民时代初具雏形,即 1903 年鼓浪屿正式成为多国共管的公共租界,成立具有现代地方自治性质的工部局管理行政事务,一直到 1941 年太平洋战争爆发,鼓浪屿进入了日本占领时期,多元文化的交流与融合中断。另一个是时至今日,鼓浪屿的城市历史景观,尤其是 20 世纪 30 年代形成的国际化公共社区的城市空间结

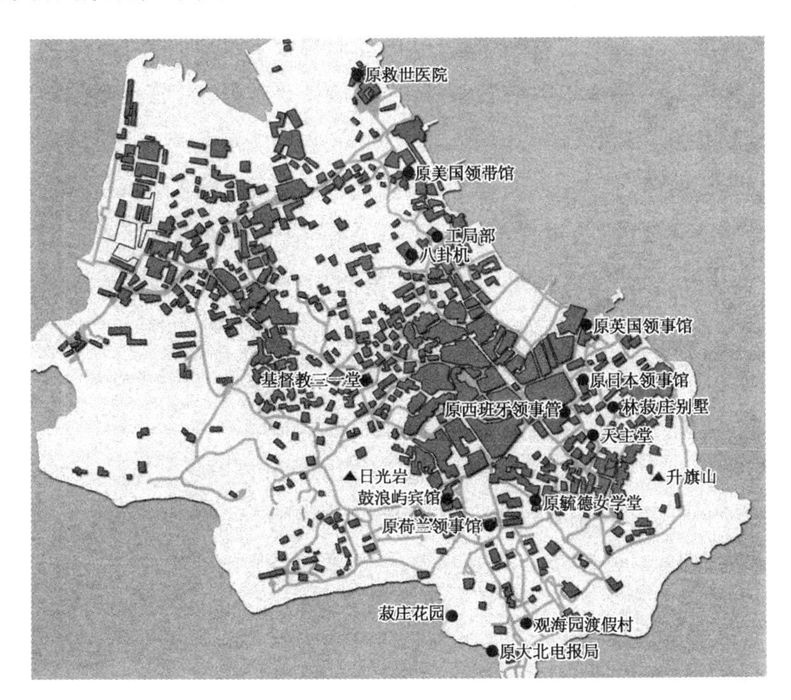

鼓浪屿地形图

构,多种功能的社区公共设施,大量住宅庭园,相关历史遗址和自然景观都被相对完整地保存了下来。为成功申请世界遗产带来丰硕成果,同时申遗成功也为鼓浪屿的可持续发展带来新的机遇。这两个辉煌的时期是一致的,都是因为中国向世界开放,国际社会认可以及中国经济的繁荣带来的转折时期。

色彩研究展示馆,以位于厦门鼓浪屿岛上的几座近现代建筑及其环境为设计依据,分别确定为以展示丝绸云锦时尚的展示馆,以展示阳光自然食物和以展示彩色玻璃瓷器为内容的现代建筑的创新整合设计。针对鼓浪屿全岛的综合考察以及在基地现场调查研究中发现的若干问题,从色彩方面提出对选出的六座典型遗产核心建筑及其周边场地进行整合设计。

6.1.2 六座典型遗产核心建筑功能要求

6.1.2.1 吴氏宗祠

因为基地位于居民居住区内,设计时应注意协调展览公众性与居民生活私密性的问题。基地并不位于主要路径上,应考虑道路接入问题,使入口更具引导性和吸引力。具体为:一、整合入口空间序列。二、设计基地环境,适当增添一些室外艺术品展示,增加场地可观赏性。三、改造服务用房,整体环境应丰富并有趣味,为宗祠的“漆画展览”服务,提供游人观览后的停留空间。四、建筑本体修复:木构部分的色彩及彩画修复及设计,重现木构屋顶的优美(结合传统漆器艺术);细部——门窗、天井等修复及设计;可考虑部分尽量恢复原貌,适当加入当地传统建筑及装饰特色进行再次设计。五、建筑整合改造:布展空间改造及布展方式的改进,丰富展览内容,使空间更有效率,流线更趋合理;布展灯光的改造,为漆画创造更好的展示光环境;室外展区的置入,改造闲置的二层平台;展品的丰富,比如用漆器艺术展示闽南地区传统建筑中丰富的花鸟图纹,再现传统建筑艺术;借助色彩的选择与诠释,协调建筑的一层砖石部分与二层木构部分;改造过程中突出色彩的主题,采集当地的地域色彩融入设计之中,提升建筑的民族感与艺术性。

6.1.2.2 八卦楼

周边区域及建筑调研分析,收集八卦楼建成历史及概况资料,进行八卦楼功能和形式演变模式分析与区位分析;一、分析现状优劣:对于八卦楼所使用的建筑材料、贴面方法、砖石砌法、门窗形式、装饰形式、结构构件、空间流线形式进行详细的研究,包括他们在历史中可能的演变过程。二、分析八卦楼建筑现状,周边环境现状,现状中存在的问题和待修复或改进的地方。三、价值分析:对八卦楼价值定位进行分析,包含了历史价值、文化价值、美学价值等。四、规范调查:查阅八卦楼所处重点保护建筑的级别,以及规范相关保护及改造所能干预的程度的具体规范和章程。五、研究具体的保护及改造措施和设计方案:包括(1)八卦楼基地研究及重新设计:对于建筑物周边环境进行控制性的改动使八卦楼①、更好地融入环境之中②、突出其标志性建筑的定位;(2)拆除建筑主入口前形成视线障碍的建筑物,使建筑入口的公共空间可以同时作为看向码头和水岸对面厦门市景色的观景平台;(3)拓宽建筑主入口前的道路平成广场式公共空间,由于基地自有的高差条件,利用广场地下空间组织起商业、餐饮和服务功能;(4)改变不合理的入口现状。如今的现状中从主路进入入口广场的道路坡度较大,不适宜行走,需要合理地组织道路来改善现状并且加进无障碍通道设计,使八卦楼的可达性更高;(5)防潮层构造设计。六、建筑功能研究及重新设计:保留风琴展示功能,设计符合现代展示功能的室内外展示空间;风琴展示馆的功能符合当地丰富教堂文化的背景,是鼓浪屿人文风俗的一部分体现,而八卦楼为鼓浪屿上相对大尺度的建筑作品,空间上符合风琴展示馆的功能,本身也是鼓浪屿建筑文化的体现。因此延续风琴展示馆的功能;而八卦楼本身室内格局非常适合展示功能,改造设计会整合组织室内空间来符合风琴展示功能;重新设计展示流线,开辟顶层观景功能;八卦楼现状为三层与四层穹顶的观景平台并未对外开放。建筑最早体量设计的初衷就在于能俯瞰鼓浪屿与对岸厦门市景色,并且它本身是鼓浪屿的标志性建筑,因此改造设计中将屋顶平台对外开放,并且合理地组织在观展流线中;设计大空间展示厅,除风琴展示之外,展示八卦楼历史与风琴工艺等相关内容;整合组织建筑功能:地下防潮层对外开放,作为艺术品商店及书店和风琴工艺展示馆;一层功能为风琴展示馆;二层为八卦楼历史馆;三层的一部分为二层斜屋顶下的空间,因此层高有限。此层作为办公室、会议室及资料室;三层屋顶平台及四层屋顶平台为观景平台。七、建筑空间研究及重新设计:穹顶空间作为建筑中心的重新设计一穹顶作为整个展示空间的重点营造者应该保持纯净和完整性,它的自然光进入为整个建筑带来的神圣的教堂式的空间氛围。穹顶空间内加入灯光设计,很好地营造空间氛围;展示空间应更适合风琴展示功能一整合小尺度的空间作为大型的展示厅,并且打通其中部分的室内隔墙,更加适合大空间风琴展示;玻璃及新材料尝试——将现有部分玻璃窗新型玻璃来营造独特的展示空间氛围。八、建筑材料与肌理研究:①外立面墙体:八卦楼外立面以清水红砖墙配以水刷石饰面的柱廊以及附壁柱、窗套等仿石构建,形成红灰主基调,现墙体刷以白色水泥,减少了质感和历史感,因此改造设计中会针对外立面的原始材料、当地覆面材料和材料的做旧与复原做研究,来重新设计具有质感和历史感的外立面来取代白色水泥墙面;②建筑色彩的重新设计:进行展示空间和宗教空间中的色彩运用的研究,来设计具有现代艺术感的玻璃窗和室内色彩:③室内白墙的材料重构与门窗重设;室内白墙会在材料和肌理上进行重新设计,设计的意象来源于风琴管,并且该立面形式会贯彻在整个建筑的室内设计包括门窗设计之中,来表达现代建筑中的纯净性这一面。这种重新设计将会在形式上契合风琴展示馆的主题,并且对于室内的拱券形式进行现代建筑形式上的转译。

6.1.2.3 原日本领事馆

针对鼓浪屿全岛的综合考察以及在基地现场调查研究中发现的若干问题,从以下三个方面提出对原日本领事馆及其周边场地的整合设计思路:一、功能:展示馆功能:1)建筑模型:鼓浪屿标志性建筑。2)建筑大样(实体展示)按材料分类:①木(闽南木结构建筑构件:彩漆斗拱、彩绘凿井梁柱);②砖(红砖、砖雕、砖画);③石(白石、青石雕);④瓷(剪瓷雕);⑤陶(泥塑、陶作)。3)制作展示(图片、制作过程模拟体验、文献资料)。4)部分建筑原貌展示(暴露的屋顶桁架、外廊);学术研究功能:会议室、档案室;辅助功能:售票处、存放寄包处、管理办公、卫生间、储藏;商业功能:咖啡馆、休息厅、零售。二、创新整合:了解闽南建筑特色,代表性建筑材料展示质感、色彩、制作流程、工艺、用途、价值、历史;不同展品所需的不同展示方式(模型、文字图片、场景重现、实物展示):自然采光、人工采光、橱窗展示、场景展示;合理的功能分区及流线组织;建筑原貌修复,展示原建筑风貌;室内外空间过渡组合(外廊、室外屋顶平台利用);与周围环境结合绿化景观、人流参观引导。三、历史建筑改造:日本领事馆为重点历史风貌建筑,按照要求,不得变动建筑原有的外貌、结构体系、基本平面布局和有特色的室内装修;建筑内部其他部分允许作适当的变动。领事馆曾作为厦门大学宿舍,大部分外廊已被封上作为室内空间使用。栏杆样式也因后期改建导致互相不统一。作为国家级文物,需要对其尽可能恢复原貌,而在功能需求、建筑空间组织上,也许也会在其原貌基础上进行增改,原则上不影响和破坏它原有的建筑风貌,使新建部分与之自然结合。

6.1.2.4 原日本领事馆警察署

一、遵守《鼓浪屿文化遗产地保护管理规划》对该项目基地提出的改造要求与指导规范,提出相关设计要求:①完整保存庭院及围墙。②保留警署地下室(曾用作监狱)墙体上爱国志士所留标识、字迹。二、相关调研:①搜集日本领事馆建筑群落相关历史资料,包括建造背景、建造时间、建筑师、建筑风格、建筑材料及改建利用状况。②调研警察署建筑与同院落内其余两座同时期历史建筑及整个庭院的空间布局关系、场地情况、外墙状况、植被保留情况等。③考察建筑区位状况与街区关系,设计出入口流线与区域可达性,天际线与视线关系。三、策展背景资料要求:①瓷器文化的相关资料搜集与筛选。着重关注突出由中国传统民族性特色的瓷器文化与作品,以及富有地方特色的瓷器文化(如德化瓷器)。②瓷器制作工艺技术及相关发展沿革资料的采集。考虑现场演示瓷器制作技艺的可行性,以及瓷器的保存保管注意事项。③选择具有时代性与地域性的瓷器及瓷文化相关展品和资料。策展的暂定内容包括:传统(经典)瓷器、古式(官式)瓷器、民间(区域特色)瓷器及瓷器的现代演绎表现(如碎瓷的解构与重构)。展览宜结合历史建筑的现有空间及氛围、传达民族主义与爱国主义情怀。四、建筑功能整合改造规划:①展示区:实物展品区;文字图片区;技术工艺工具展示。②服务区:基础服务设施(售票、寄存、卫生间);交流休憩区。③学术区:小报告厅(会议室);文献阅览室(图书室);开放交流空间。④商业区:礼品部;茶饮供应(可能)。⑤管理区:办公;库房。五、设计内容:①建筑内流线重规划。②利用原有空间,进行适用性改造。③结合建筑与布展方式作细部设计。从人体尺度、保护展品、多项交互等方面入手考虑。有材料拼接的部分应考虑技术构造节点。④建筑外部环境设计。结合庭院、室外导览及与主楼展馆的互动,尽可能保留庭院原貌与古老乔木植被。考虑指示标志、路灯、垃圾桶等设施与场地的协调表现。清除违章搭建构筑物,还原建筑外立面的历史风貌。六、深度要求:整合设计概念的说明;场地分析;功能与流线设计;改造对比分析;策展设计;建筑材料及构造技术。

6.1.2.5 海天堂构 42 号

针对鼓浪屿全岛的综合考察以及在基地现场调查研究中发现的若干问题,从以下三个方面提出对海天堂构 42 号及其周边场地的整合设计思路:①丝绸的种类与展示形式。②考虑色彩对人的影响与对展品的影响。③考虑运用先进设备改善室内环境。具体到设计任务,体现在六个方面:①阅读鼓浪屿申遗的相关参考文献,了解这一课题的研究历史与现状;②熟悉海天堂构的资料,包括历史背景、与使用现状等;③熟悉闽南传统文化与传统色彩,包括建筑、艺术、服饰等;④阅读丝绸之路的相关书籍,设计恰当的展示形式;⑤阅读色彩的相关书籍,设计恰当的颜色与使用面积;⑥设计合理的参观流线与运营模式,使展馆更为人性化。

6.1.2.6 海天堂构 38 号

相关色彩调研内容,风貌建筑保护条例,展出内容和布展方式调研,空间布局等;考察调研场地周边现状环境,提出分析与解决的方案;掌握展示类建筑、绿色建筑,以及色彩应用的基本知识、设计原则和方法。方案设计阶段对政策、法规与规范的响应情况;对建筑结构、建筑设备、建筑材料、绿色建筑的基本概念的理解与阐述。

相关设计,前期采取全组合作方式,对接鼓浪屿管委会部门,结合实地调研,确定建筑的性质和修缮的合理力度;之后各自选择特定的研究课题,独立完成色彩展示馆的设计。中期检查以后对各自的设计进行技术深化和相关的说明工作。

相关研究主题,彩色玻璃结合原有建筑展示的整合设计。

6.2 六座单体建筑调研资料与分析

地处热带的鼓浪屿所在的厦门近年来以“旅游城市”之名闻名全球,每年都有大批海内外游客前去参观游览。岛上气候温暖潮湿,各种植被生长茂密,色彩鲜艳的建筑错落其中,形成独特的视觉色彩体验。

岛上的色彩构成主要由三部分构成:一是繁茂的绿色树木与各色鲜花构成的植物海洋;二是岛上各时期建造的建筑,用色大胆的外立面涂料色彩与“白石红砖”的传统建筑材料色彩形成了中西交融的独特感受;三是海岸上海天一线的无边蓝色。这些共同组成了鼓浪屿的特质。闽南景色中常常出现的对比强烈的特征在这里有更鲜明的体现。

在岛上的时间里信手拍照都可以得到让人愉悦的色彩。课题的设置也是基于这个特点出发,收集岛上的迷人色彩,探索其历史与传统的因素,再加以保护与展示。让来到这里的游人能够更清晰地体验到鼓浪屿独特的色彩风情。

自然地理环境对城市地区色彩的客观影响主要表现在气候条件和地方材料两个方面。气候条件不但决定一个地区的自然景观,也是决定建筑形式和材料的重要因素。材料作为色彩的载体,使得建筑的色彩也将受到气候条件的制约和影响。不同气候条件形成形成了不同的自然色彩景观,带给人们不同的心理感受。另一方面,气候条件和自然色彩景观也将影响建筑色彩的决定。

使用地方性的建筑材料,采用传统工艺是形成地方色彩的根本原因。鼓浪屿原有的建筑群落主色调为红砖色。但在新中国成立之后,各式现代建筑林立,色彩也变得与原有建筑很不一致。尤其是近年来岛上兴起 100 多家家庭旅馆,有些旅馆为了招徕顾客,把外墙涂成刺目的柠檬黄或鲜绿色,与鼓浪屿原有建筑的结构和色调发生很大冲突。

以上为鼓浪屿建筑色彩调研分析。而鼓浪屿建筑色彩景观形成原因,主要表现为自然地理因素与人文地理环境因素两方面。对色彩心理学的研究表明,人类对不同色彩的感知会引发不同的心理联想,而这种心理联想存在一定的共性,影响人们对色彩的喜好和憎恶。这是人类共性因素。作为建筑的构成要素,不同类型住房的色彩是就地取材和当地传统惯用色彩二者紧密作用的结果。这两者是由自然地理条件和技术工艺所局限而逐渐形成的,还有诸如社会制度、思想意识、社会风尚、宗教观念、文化艺术、经济技术等因素共同作用参与形成的色彩传统,为人文社会环境因素。

6.2.1 鼓浪屿色彩景观分析

6.2.1.1 鼓浪屿自然色彩景观

鼓浪屿处于南亚热带滨海岛屿,山、海、城融为一体。

蓝色——亚热带海湾色彩景观。作为一个西面环水的海岛,蓝色是鼓浪屿城市色彩之一,蓝色在可见光谱中波长较短,对人的视觉刺激较弱,常用于表现某种透明的气氛和空间的深远。

黄色——亚热带海湾色彩景观。鼓浪屿岸景千姿百态,沙湾绵绵。海岸线曲折蜿蜒,形成多处大小不同形状各异的海湾,半岛及峭壁带,与近处的礁石群构成了变化万千的滨海色彩景观。

绿色——亚热带绿体色彩景观。岛上有大面积绿色山体和自然形成的植物带作为色彩景观。由于鼓浪屿处于南亚热带,植物种类丰富,大多具有较强的观赏价值。得天独厚的亚热带海洋性季风气候造就了一年四季郁郁葱葱的植物景观。

灰色——亚热带岩石色彩景观。

6.2.1.2 鼓浪屿建筑色彩景观

鼓浪屿隶属厦门市,是厦门岛西南隅一座面积 1.88 平方米的小岛。《南京条约》后,厦门成为五口通商口岸之一,并在 20 世纪初成为中国第二个也是最后一个公共租界。近百年来多原文在这里碰撞并交融,作为外来建筑文化与闽南建筑文化交汇点之一的鼓浪屿,其建筑展示了一个西方建筑文化在中国由被排斥、否定,到被模仿和消化吸收并加以运用这样一个过程。因而鼓浪屿素有"万国建筑博览地"之称。

闽南传统民居是清代当地传统建筑的代表,采用院落式布局,材料上使用当地红砖,装饰细节上采用燕尾脊等构件和灰塑等传统工艺。近代则盛行殖民地外廊式建筑。其后西方古典复兴式风格和早期现代主义建筑风格也在特定时期作为摩登文化的一部分传入鼓浪屿,并留下代表性的历史建筑。当地设计的洋楼不仅模仿西方建筑风格,并且结合了鼓浪屿地理环境,在平面布局上更为自由和大胆,并且融入岭南地方"出龟""塌岫"等传统建筑平面处理手法。在宅院设计中也能反映出传统闽南园林设计手法与西方古典园林几何式格局的结合。

6.2.1.3 闽南传统大厝建筑色彩景观

闽南大厝是闽南红砖民居的重要组成部分,具有地方传统风土质感和色彩景观,注重环境的综合关系,考虑到地理、气候、风水等多方面的因素,蕴藏着传统文化渊源。大厝主要运用了当地红壤泥土为主要原料经过成型、干燥、焙烧形成的红料砖瓦。大厝的屋顶多为悬山、硬山配燕尾脊、马鞍背形式,以橘红色为主。常在正脊的脊尾、山墙面有泥塑、贴瓷与彩绘装饰,色彩以蓝、黄、绿为主作为点缀色。墙身以红砖为主,辅以灰色花岗石组合砌筑,构成独特的色彩景观。正立面往往为白石墙基,青石柱础和墙面镶边带饰红砖组砌的贴面与檐口的泥塑彩绘巧妙组合形成鲜艳的色彩对比。另外常会运用各种石雕、砖雕、泥塑、彩绘等雕饰艺术,窗户是色彩装饰的点睛之笔。墙基材料多为花岗岩与青草石的搭配使用。台基多为青草石。

6.2.1.4　洋楼建筑色彩景观

鼓浪屿洋楼早期建筑材料主要是当时海外进口的建筑材料，如水泥、钢筋、西式瓦、彩色玻璃等。除了钢筋水泥等材料外，洋楼的建设使闽南固有的地域材料也有了新的用武之地。

水泥饰面被闽南人成为“洋灰饰面”，是鼓浪屿洋楼建筑外饰面的主要材料之一。洋瓦为西式的波形瓦，釉面，色泽好，尺度比本土的红瓦小，多为橘红和赭红色调。清水红砖为鼓浪屿洋楼外饰面的最主要的材料。

在鼓浪屿洋楼外立面景观中，外廊是重中之重，因为有了这层表皮才把有些本不是洋楼的闽南传统民居装扮成洋楼，另一方面，外廊式立面色彩景观装饰的重点。有了外廊，才会衍生出梁柱样式、栏杆样式、檐口样式、女儿墙样式与山花样式等装饰色彩。早期券柱式外廊立面为灰泥线脚，清水红砖砌筑或外加水泥饰面。后期梁柱式外廊立面以水刷石饰面为主，以素水泥为主要原料，掺杂适量白色颗粒形成类似石材的肌理和质感，颜色呈灰白色调。

6.2.2　吴氏宗祠

6.2.2.1　区位分析

在鼓浪屿的最新规划中，全岛被分为五个部分——东部旅游服务区、中部风貌建筑区、南部自然风景区、西部人文艺术区、北部音乐旅游区。

分区与组成要素

分区		东部旅游服务区	中部风貌建筑区	南部自然风景区	西部人文艺术区	北部音乐旅游区
组构成要素	旅游积极要素	三丘田码头 海岸景观 商业街 娱乐设施 遗址故居	钢琴码头 遗址故居 家庭旅店 商业街 古大厝博物馆	自然景观 遗址故居 博物馆 家庭旅店 小型商业 私人别墅	内厝澳码头 海岸景观 闽南传统建筑 小型商业	自然景观 小型商业 家庭旅店 运动场地 私人别墅
	其他要素				居民住宅 公共服务设施	医院 办公公司
	风貌建筑数量	较多	众多	较多	较少	较少

吴氏宗祠所在的内厝澳区域属于西部人文艺术区。历史上内厝澳地区是鼓浪屿上最先发展的区域，宋代有一李姓人氏上岛开发，捕鱼晒网，耕作生息，以后繁衍兴旺，逐步形成“内厝澳”。然而后期其他地方相继发展，这里却发展缓慢，成为岛上旅游业涉及最少的区域。在规划中拟将厦门工艺美术学院与浪荡山艺术公园结合考虑，营造区域艺术氛围，打造人文艺术区。

现实状况是内厝澳区域作为岛上居民主要的生活区，建筑密集，游客稀少。近年来，岛上的游客增多而固定居民越来越少，大多年轻人都外出工作，留下的多是老人与孩子。所以内厝澳区域的转型也是必然之事。

6.2.2.2 交通分析

鼓浪屿岛上有五个码头——钢琴码头、三丘田码头、内厝澳码头、黄家渡码头、别墅码头。钢琴码头现为岛上居民专用码头；三丘田码头与内厝澳码头是游人码头；黄家渡码头被改造成货物码头，每天清晨都有许多人力车停在岸边等待运送货物；而鼓浪屿别墅码头为私人码头。

鼓浪屿的道路网络形成于 19 世纪鼓浪屿道路和公路委员会的建设，并逐渐在工部局时期发展完善。道路依山就势，高低起伏，林荫茂密，全岛内交通主要依靠步行。网络主体结构包括：由龙头路一鼓新路、内厝澳路、鸡山路、晃岩路连接而成的环线，将环线分为四部分的安海路、厝澳路、永春路和泉州路；以及环线与海岸的龙头路、三明路、鼓山路、港后路、漳州路等放射性道路。

鼓浪屿的道路系统没有丝毫现代化大都市式的规整路网体系的痕迹，是自发生长起来的道路。这种路网形式不可避免地会给游人带来方向感的迷失，会迷路，但也给行走的过程增添很多趣味，曲曲折折、忽上忽下的小路总是隐藏着不可预期的风景。在考察的过程中我们也产生了用色彩来标示道路，既保留并增强原本道路的趣味性，又能让人们更明确自己的方向。

6.2.2.3 基地分析

吴氏宗祠位于内厝澳地区康泰路上，邻近内厝澳码头；亦可由环线——内厝澳路转到康泰路到达。基地周边建筑类型较多，位于大学区域，民居区域，绿化区域之间。周边道路性质较为私密，商业较少，且多为路边摊位形式。

由于宗祠位于居民区内部，需由泰康路进入一条小径才可到达，可达性与标识性较差。且位于居民区之中，周边区域景点性建筑很少。调研中发现建筑基地周边色彩主要可归为红色、黄色、绿色三色:红砖屋、黄墙房、红色小径、绿树掩映、青草茵茵。在鼓浪屿的最新规划中,这一区域被归为西部人文艺术区,将福建省鼓浪屿工艺美术学校与浪荡山艺术公园结合发展,鼓励艺术家来鼓浪屿进行艺术创作,形成富有活力的西部艺术氛围。在此规划下,吴氏宗祠经历了一次修缮转型,目前是工艺美术学校的漆画展馆。

6.2.2.4　建筑功能现状分析

吴氏宗祠与此次项目中其余五座建筑相比,是闽南传统建筑色彩最为浓重的一座,为双落式祠堂。双落式祠堂是完整的祠堂格局。前落是三间门厅,祠堂大门屋顶一般用三川脊形式。第二落是厅堂,大厅与大门之间左右围以两廊,称榉头或东厅。大厅后部设雕琢华丽的公妈龛,大厅正中空间称“寿堂”,是重要的祭祀空间。由于闽南地区气候原因,门厅、大厅与榉头一起面向天井开敞。但与传统宗祠的单层布局不同,吴氏宗祠分为两层:下层为砖石结构,上层为传统木构结构。推测这与当地气候潮湿建筑普遍修建防潮层的做法有关,也与岛上习惯性的多层建筑传统有关系。

宗祠原为吴氏家族祭祀及大型活动举行的地方,后因家族迁出而没落,被使用者乱搭乱建而失去了原本的色彩。如今它的价值又被政府挖掘,经历了一次整修后,大体还原了原本的状况,现作为厦门工艺美术学院的研究所,用以展示漆画作品。建筑现状存在许多建筑细部的缺失,原本的装饰图纹也已经辨认不清,而且没有进行针对转型为展厅的再次设计就直接改造成临时展馆。

漆画从漆器艺术演化而来,漆器艺术在中国已有7000多年的历史,福建地区是脱胎漆器的重要产地。漆画艺术创作取材自然:主要材料大漆以及各色染料都是自然提取,并喜欢用蛋壳以及动植物入画,取其纹理,生动自然。漆画艺术浓郁而厚重的色彩与吴氏宗祠肃穆的气氛极为协调。并且漆画的耐潮与耐腐蚀性很好,可以适应吴氏宗祠的建筑环境。宗祠两层的空间有足够的空间潜质来作为漆画展览。

但目前的布展状况比较粗糙,存在很多问题,比如展览效率偏低且方式单一,流线混乱,光照方式不当等问题导致很少有游客会认真观看展览,了解漆画这门艺术。宗祠场地内部大面积为绿化区域,但在调研中发现这些区域虽然有一些石板路的铺设,但基本上无人使用,是十分消极的区域。这也导致了整体氛围冷清的状况。在后期设计中将会针对这些问题重新进行室内外的规划,优化展览空间环境,提升展示效率,丰富展示方式,合理规划流线,并增添能让游客亲身参与的互动性活力点来带动场地气氛,更好地传播闽南传统文化,成为形成鼓浪屿岛西部人文艺术区的带动点。

6.2.2.5 建筑材质现状分析

宗祠外观是典型的“红砖白石”闽南建筑样式,主要建筑材料为——一层白石大理石,二层红色烟炙砖、内部结构以及细部构件多用木头。纵观全岛,“红砖白石”是绝大多数建筑的主要材料,也是整个闽南文化区域中主要的建筑材料。“红砖”及烟炙砖,在其红色砖面上有斜向黑色条纹。这种遍布于闽南地区的暖洋洋的红砖建筑,是今天的闽南人对先辈几百年建筑方式、生活模式和文化观念的传承结果。闽南红砖民居以一种红色为主的色调,强调了其地域可识别性,成为闽南地区乡土建筑景观的代表,红砖是一个不可或缺的核心元素。曾有学者在研究中提出了“红砖的视觉表象”这一说法——“视觉表象由色相和明度刺激形成。亚热带阳光和煦、海洋湛蓝、沙滩细白、菜畦青绿,闽南建筑中大面积的清水红砖墙面在田野风光中更富有生命力。无论是农民从青绿的稻田望去,还是渔民从天蓝的海洋中回眸,红砖所呈现的强烈的乡土气息就是安居乐业的居所。这种富有强烈的乡土地域性的红砖色,本身所呈现的特殊视觉效果,可以堪称是闽南传统民居的代表色彩,抑或我们可称之为‘闽南红’。”

红砖作为闽南传统红砖民居主要建筑材料,是取稻田中的泥土制作成砖坯,再装窑焙烧。烧制的时候采用马尾松夹杂一些干柴杂草作为燃料焙烧。红砖入窑时,采取斜向叠加的摆放方式,堆码烧制时松枝灰烬落在砖坯相叠的空隙处。出窑后,表面会自然形成几条红黑相间的纹理,这些纹理在砌筑墙体时,自然形成装饰,使墙面变化丰富、自然活泼。闽南地域的土壤含铁量高,焙烧砖石时,黏土所含的铁被氧化成三氧化铁,容易呈鲜亮的土红色,其色彩华丽红艳、稳重大方。砖质质感朴实、色彩黑红相间,又被称为“胭脂砖”“烟炙砖”“颜紫砖”。闽南的能工巧匠便利用这些红砖本身的纹理按一定的美学规律砌筑墙体,远看是由红砖堆砌的素净的清水墙面,近看是紫黑条纹构成的“＜”形图案,犹如燕子的尾巴。

宗祠中另一种极具闽南特色的建筑材料便是它屋顶的“红瓦”。关于其来历,比较普遍的说法是红砖红瓦都是舶来品,从西班牙传来,被闽南地区人民接受并喜爱,于是成为一种传统。于是南方其他地区都是“白墙黑瓦”,而闽南地区则是“红砖红瓦”。

6.2.2.6　建筑木结构细部分析

中国古建筑的结构体系,可以分解为承重结构、屋面结构、围护结构以及地基与基础几个部分。其中以木结构为主的承重结构最为重要。大体而言,中国古代主要有两种木结构体系,即北方流行的抬梁式构架与南方流行的穿斗式构架。北方抬梁式构架的特点是以柱抬梁、梁上立短柱,短柱上再抬梁、梁头承托檩楣。穿斗式构架的特点是以柱直接承檩、柱间设穿枋联系。中国地域辽阔,历史悠久,各地匠师师承不同,技术的传播与交融比较复杂,木结构形制变化各异。中国南方浙、闽、粤等地民间一些重要的建筑或一座建筑中主要的构架,常使用一种介于抬梁式与穿斗式构架之间的混合构架,因为它的梁,尤其是最下面一根的大梁,插入柱中,有人称之为“插梁式构架”。

插梁式构架的特点是承重梁的两端插入柱身(两端或一端插入),与抬梁式构架的承重梁压在柱头上不同,与穿斗式构架的以柱直接承檩、柱间无承重梁、仅有拉接用的穿枋的形式也不同。具体地讲,即组成屋面的每根檩条下皆有一柱(前后檐柱、金柱、瓜柱或中柱),每一瓜柱骑在下面的梁上,而梁端则插入临近两端瓜柱柱身,依此类推,最下端(外端)的两瓜柱骑在最下面的大梁上,大梁两端插入前后金柱柱身。这种结构一般都有前廊步或后廊步,前廊步做成轩顶,轩梁前端插入檐柱,后端插入金柱,前檐并用多重丁头拱的方式加大出檐。在纵向上,也以插入柱身的联系梁(寿梁或楣、枋)相连。这种构架与抬梁式一样,在文献、工艺及匠师中并没有专门的称谓。

吴氏宗祠上层木构体系是惯用于寺观、宗祠中的插梁坐梁式架构。插梁坐梁式构架起源于宋代南方的厅堂插梁式构架,并融入了闽南宋代就已经成熟的外檐丁头体系,以及南方古老的穿斗技术。这种架构在元明已十分成熟。其特点是,以大通梁插入内柱中,其上设瓜筒或叠斗,再承二通,上又置瓜筒或叠斗承托三通,称“架内三通五瓜”;比之稍小的则用“架内二通三瓜”。

6.2.2.7　建筑细部彩画分析

闽南的彩画是中国南方彩画中的一个特殊流派。闽南民居之中,有的木材呈现本色,或者只以桐油髹饰,不施彩绘。富裕之家多施黑色、红色油漆,木雕部分贴金。闽南庙宇、祠堂的木构架,绘以彩画,闽谚称"红宫乌祖厝",宫指庙宇,祖厝指祠堂、住宅。宗祠的梁架大多以黑色为主色调,局部红色,或者以红色调为主,局部黑色,闽南油漆作的行话是"红黑路"。一般的规则是"见底就红",即梁架及大木构件以黑色为主,底面涂红,侧面涂黑。具体地讲,斗的耳、平为黑色,斗欹红色,唯斗底又为黑色;拱仔(丁头拱)的侧面施红色,正面施黑色;通梁的梁底施红色,侧面施黑色,鱼尾叉内又施红色,柱子用黑色。同一构件的侧面与底面施以不同颜色的彩画。闽南传统建筑的圆仔一般施红色,只有脊圆装饰华丽,多布满以龙、凤、花卉为主要题材的、以红色和金色为主要色调的彩画。

6.2.2.8 建筑定位与需求分析

吴氏宗祠的位置与建筑风格是区分它与其他历史保护建筑的标志点。不同于"万国博览"的西式风格,宗祠的修复与整改的提出,进一步丰富了岛上的建筑类型,因此在改造设计时,设计者对于吴氏宗祠的定位,不只是针对游客的参观景点,更是艺术区的展示窗口,闽南艺术的传播基地。又因为宗祠所处位置与周边环境,结合总体区域的未来发展规划,设计者考虑到的受众不只是游客,还有周边居住的居民,以及未来可能吸引到的艺术家。建筑的独特优势也应该被很好地展示。使宗祠不只是展示空间的载体,其本身也是一件代表传统文化的展品。所以设计者认为在展示的主题方面,在展出传统地域艺术——漆画的同时,可以增加另一种传统建筑装饰工艺——彩绘(彩瓷粘贴)的展示。将这种工艺的展示,与建筑本体修复以及场地设计相结合,既能增添建筑本身的艺术性,也可丰富展示内容,提高空间利用率,带动展览的整体活力,使建筑本身也成为一个展示的重点。

漆画与彩绘的展示并不矛盾,首先两者从性质上就具有某种相似性,其次展出的位置以及方式都有所区分,并不会造成混乱的状况。彩绘的展示与建筑更加融合,是一种永久式的展出,而漆画的展示是可以定期调换,更为自由。也可增设一下宗祠建筑细部的节点模型,来更好的展示传统建筑工艺。转型的基本宗旨是让展品与建筑整体氛围协调一致,并使吴氏宗祠本身成为场地中最重要的展品,更好地传播闽南传统建筑文化。

6.2.3 八卦楼

6.2.3.1 八卦楼建筑风格

八卦楼采用西方古典复兴的风格。建筑基础坐落在一层花岗岩砌防潮层上，建筑主体高两层，平面呈方形，四面中间都设有罗马复兴式塔斯干巨柱支撑的柱廊，而四角部分为清水红砖砌筑实墙体，砖墙为佛兰德斯砌法，角部设壁柱，巨柱、壁柱、檐口、栏杆都采用白色水刷石面。正面(东面)的柱廊与其他三面不同，中间设有向前突出的圆形平面柱廊，两层通高，由四根巨柱支撑，半圆形“出龟”巨柱廊两侧则缩小尺度，设两层较细的双柱支撑的柱廊。建筑屋顶为四坡顶，同一层八角形基座上是单层的塔楼，顶上是大穹顶，给人以深刻的印象。

6.2.3.2 八卦楼历史及功能转型调研分析

八卦楼是台湾商人林鹤寿1907年至1913年投资兴建的自家大型别墅。设计者是美国传教士，当时的救世医院院长郁约翰，郁约翰曾经学习土木工程，为林鹤寿设计别墅以回报其捐建救世医院的情谊。林鹤寿希望建造的是一座风格新颖独特的特大别墅，在楼上可看到厦门和整个鼓浪屿。

鼓浪屿八卦楼在近现代被重新利用作为鼓浪屿博物馆，随后又改为风琴展示馆。这座西方古典复兴式风格建筑具有较强的纪念性特征，与鼓浪屿建筑中占大多数的公馆、别墅建筑的休闲属性并不相符，在岛上采用这种样式的大多数是教会、领事馆等公共建筑，借助西方古典复兴式严谨、庄重的样式特征，强调建筑的纪念性与神圣性，区别于地方一般的世俗建筑。另一方面，鼓浪屿八卦楼设计时的初衷是作为鼓浪屿标志性建筑的特大别墅，能够俯瞰鼓浪屿与厦门景色。因此更为其改革开放后改造为公共建筑的演变提供了重要的原因。

6.2.4 原日本领事馆

鼓浪屿位于厦门南部，与厦门岛隔海相对，由于其优美的自然环境、风土人情和特有的建筑风貌，是我国著名的旅游胜地。鼓浪屿上，1949年以前建成的外国领事馆和华侨、官僚的私家庄园等建筑共有60万平方米，约1 200幢，但是由于很多老建筑年久失修,几乎成了危房。

鉴于其历史价值,自2008年来厦门市政府就将鼓浪屿申遗提上日程,希望通过申遗,达到更好的保护鼓浪屿的目的。在申遗成功前,厦门政府对于鼓浪屿上一些老旧的历史建筑的修复工作也已陆续展开。此项目针对鼓浪屿上的原日本领事馆进行历史建筑的修复再利用的创新整合设计。

建筑所处地理位置优越,可达性较好,作为一座极具历史价值的建筑物,在保留它原有风貌的同时需要对其进行再利用,这不但是对建筑本身的修复,作为展馆,也是对周边环境的一种提升。设计过程中,在考虑建筑本身的同时,也要涉及与周围建筑对话、对人行为产生的影响、鼓浪屿整体历史建筑申遗规划等各个方面,这不是一个个体项目,而是对设计、规范、环境文化等多方面的统筹。

6.2.4.1 建筑所处地区的地域性

第一次鸦片战争后,厦门被迫开放为通商口岸,西方人开始占据鼓浪屿作为居留地,1903年,鼓浪屿正式成为公共租界,并成立工部局管理行政事务。英、美、法、日、德、西、葡、荷等13个国家曾在岛上设立领事馆,同时,商人、传教士纷纷在此建公馆、教堂、洋行、医院、学校,把鼓浪屿变为“公共租界”。一些华侨富商也相继来此发展事业并兴建住宅。1942年12月,日本独占鼓浪屿,一直持续到抗日战争胜利后,这里才结束100多年殖民统治的历史,至今仍有千余幢风格各异的中外建筑被保存下来,鼓浪屿因此有“万国建筑博览园”之称。时至今日,鼓浪屿上工部局时期的公共社区整体公建结构和环境要素以及历史建筑都被很好地保存下来。原日本领事馆作为保留下来的重点历史风貌建筑之一,也是鼓浪屿上主要参观景点,周边建筑包括原德国领事馆、原英国领事馆、天主教堂、许家园、美园等,且与黄荣远堂、海天堂构、林氏府、圣教书局旧址,以及鼓浪屿商业中心、医院等公共设施距离较近。

6.2.4.2 建筑所处区位

原日本领事馆位于鹿礁路24号,处于鹿礁路与福建路交汇的三岔口附近,东南为复兴路,面向厦门岛,占地面积约1 000平方米,距离北面环岛路约100米,建筑位于从环岛路进入鹿礁路上坡段的地势高起处,南高北低,较为醒目,可达性较好。

6.2.4.3 建筑历史文脉

原日本领事馆建于1897年，两层砖混结构，上层居住，下层办公用，由中国工匠王添司承建，据推测，他也是该建筑的设计师。当时，英国国力强盛，日本也处于明治维新西化时期，不仅在领事馆选址上要求与当时的英国领事馆相近，在建筑设计上也向英国学习靠拢，建筑受英国维多利亚式风格影响，采用当时流行的殖民地外廊样式，建筑立面上采用新文艺复兴风格的连续半圆拱券。1936年，日本驻厦门领事馆升格为总领事馆。1937年，日本发动了全面侵略中国的战争，厦门日本领事馆关闭。1938年5月厦门沦陷，厦门日本领事馆重新开馆。1945年8月15日，日本无条件投降，厦门日本总领馆停止活动。厦门日本总领馆的所有财产由国民政府接收。在抗日战争时期，厦门大学受到了极大的破坏，所以当时的国民政府就把鼓浪屿上日本领事馆的所有房产拨给厦门大学，包括1897年建造的领事馆和1928年建造的两幢红砖楼。这些建筑改造后作为厦门大学教工宿舍，后因年久失修，成为危楼，目前处于荒废状态。

鼓浪屿的日本领事馆建筑见证了中国从被西方列强侵犯，到后来通过抗争驱逐外来侵略者取得胜利，这是历史的遗迹，通过这些建筑，去接近历史，不忘国耻，也是中华民族面对历史的一种责任。

6.2.4.4 建筑现状

反应价值要点的建筑原貌的外观基本保持，红砖外墙依旧保存完好，但由于后来功能的改变，内部空间被改造，最具特色的四面外廊大部分被封死，后加窗扇。部分外廊栏杆后期脱落，后加栏杆样式与原样式不符。防潮层的窗口和入口也被堵上。由于长期废弃，内部装修基本腐坏，建筑质量残损严重。西侧加建一层平房，南侧沿街原有一层建筑做商铺用，其东侧也加建了一层商铺，向街道人群服务。

6.2.4.5 建筑周边状况

原日本领事馆位于景点区域。北侧正对为两层青年旅社，向东为陈家园、美园，院内均为2～3层的红砖别墅，现都部分开放作为私人商铺。鼓浪屿的十大别墅之一林氏府，现已翻修为精品度假酒店。东南侧与之相邻的为许家园，为菲律宾华侨许椿生的故居，西式高楼，体量甚大。两根通高廊柱支撑着三楼宽敞的阳台，柱头为科林斯柱风格，是颇具特色的大家庭式住宅，目前作为私人住宅不对外开放。南侧为一小广场，与协和礼拜堂相对，其外墙已重新粉刷成黄色，广场东侧为天主堂，是由西班牙设计师设计的哥特式建筑，高三层，建筑外墙均为白色。

6.2.4.6 交通及道路状况

鼓浪屿上交通基本以步行为主，建筑周围也都为步行道，建筑位于游人参观景点的必经之路上，游客一般从距离建筑约 1 000 米的三丘田码头进入鼓浪屿，北面的鹿礁路为上坡段，上行较为吃力，一般游客参观路线沿环岛路，经过鼓浪屿商业中心，通过台阶上至英国领事馆参观，后继续向前至三岔口交汇处，达到原日本领事馆。建筑正门面对的道路为小径，由于沿街无明显对外开放的商铺，人流多从西侧道路通过，以到达南面教堂所在广场。

6.2.4.7 绿化环境分析

日本领事馆原有院内绿化景观由于长久未经打理，除基本树木外，基本都为杂草，不仅不美观，也阻碍了人的步行道路。建筑西侧的榕树面对人流主要来向，十分醒目，有着很好的标志和引导作用。院内由于树木茂盛，在天气炎热阳光强烈的环境下，有着很好的遮阳效果，可向人提供舒适凉爽的休憩条件。

6.2.4.8 周边人流活动

建筑北侧多为家庭旅馆、青年旅社等，因此游客不会多做停留，人的活动主要集中于建筑南侧广场，广场附近分布有几家小商铺，售卖纪念品旅游用品等。平时，广场前的协和礼拜堂也是婚纱摄影的主要取景点之一，游人也会在此停留拍照留念，或进入礼拜堂参观，而后由福建路前往海天堂构等景点。

6.2.5 原日本领事馆警察署

6.2.5.1 基地概况

本次设计具体选定的改造设计对象为厦门鼓浪屿岛鹿礁路 28 号建筑（原中华路 24 号建筑，系原日本领事馆警察署），位于原日本领事馆旧址庭院内。此院内包含三幢保护文物建筑，分别是原日本领事馆主楼（国家级重点保护文物）、警察署

(国家级重点保护文物)及附属便所。

6.2.5.2　庭院场地现状

庭院落地于丘陵区域,地势起伏。庭院外墙为近期修复的仿旧样式,使用了鼓浪屿岛上极具地域特色的五花头红砖。庭院有两处出入口,主入口位于地势下区,进入后以若干连续阶梯导向日本领事馆主楼正对入口,而警察署位于庭院左侧,靠近外围墙,隔壁是许家园;辅助入口设置于领馆主楼背后与附属便所之间。庭院已有丰富的绿化布置,并保存多处古老乔木。

6.2.5.3　建筑物现状格局

警察署及警署宿舍建于1928～1929年,晚于领馆主楼。建筑为砖混结构,面积约700平方米。建筑平面为不对称布局,包括地上两层及地下一层,原作为办公使用,现被划分占据为住所。其中一层有三处出入口,地下层有两处出入口,二层西侧有阳台,屋顶为平顶。警察署地下保留有监狱遗址,墙壁多处至今仍留有当年被关押者手书及刻画痕迹。

6.2.5.4　建筑物材料

警察署采用清水红砖以英式砌法砌造,造型挺括,棱角分明。其砖砌拼接构成多种图案。基座处有石材合砌,整修部分加建用材主要为清水水泥。

6.2.5.5　建筑立面

警察署立面具有明显的装饰艺术风格特征,配有日本分离派样式的门券雨棚。建筑外观多由纵向线条分割组构和横向线脚装饰。建筑四面开纵向长窗,窗台为砖块斜砌入墙体样式。门窗为浅色木框,部分后加铁栏。

6.2.5.6　建筑使用及业态现状

该建筑组团现归属于厦门大学用地。但使用现状基本为半废弃状态,部分房间及原敞廊空间被封堵为私人住所,缺乏有效管理和利用,且对游人封闭,仅作外立面展示,在整体的游客观览路线上作为必经景点但往往被导游匆忙掠过。其景观与建筑常被用作婚庆摄影取景场地,可见其建筑经典美观且富有特色,可惜未能得到充分展示与合理维护使用。

6.2.6 海天堂构侧楼

6.2.6.1 历史概况

海天堂构建于1921年被列为鼓浪屿十大别墅之一。它是鼓浪屿上唯一按照中轴线对称布局的别墅建筑群，由5幢别墅构成，采用中国建筑传统的对称格局，以中楼为主，向两侧展开，中心建一广场，形成一组规模宏大的建筑群，为菲律宾华侨黄秀烺购得租界洋人俱乐部原址所建，占地6 500平方米。

最富建筑特色的38号主楼是被当地人称为“穿西装戴斗笠”的“厌压式”建筑，屋顶为重檐歇山顶，四角缠枝高高翘起，下半部分则是西式建筑，可谓“是宫非宫胜似宫，亦殿非殿赛过殿；不中不洋不寻常，中西结合更耐看”；主楼两边的34号与42号侧楼为欧式建筑。作为鼓浪屿历史风貌建筑保护开发再利用的典范，历时两年、斥资千万重新整修后的海天堂构外表依然保留原有的建筑风貌，内部已赋予丰富的文化旅游功能，在这里可以让游客品味到鼓浪屿中西合璧的建筑和文化。

6.2.6.2 基地环境

鼓浪屿的道路网络形成于19世纪末，道路依山就势，高低起伏，全岛交通主要依靠步行。海天堂构位于福建路，沿鹿礁路可直通钢琴码头，路经原德国领事馆、天主教堂、黄荣远堂、原日本领事馆和警察署等多处著名景点。同时海天堂构相邻鼓浪屿商业中心，是上岛游客必到景点之一。

海天堂构周边可分为三条路线，一条是从钢琴码头开始，沿鹿礁路一路经过多处景点到达海天堂构，然后继续经过音乐厅、马约翰广场、人民体育场，最终到达日光岩的旅游路径。一条是从海天堂构出发，经过复兴堂，最终到达海边的郑成功像和皓月园的海滨路线。另一条是从海天堂构出发，沿福建路、龙头路，到达鼓浪屿商业中心的商业线路。这三条线路从各个方面满足了游客的不同需求。

海天堂构所处的鹿礁片区现存的历史建筑包括：海天堂构、黄荣远堂、原日本领事馆建筑群、协和礼拜堂等四个历史建筑综合保护与更新的项目，其中海天堂构的定位是普及展示和演绎建筑文化、富商文化、音乐文化三种鼓浪屿本土特色文化。

6.2.6.3 现状优势分析

海天堂构共有五幢老别墅,现对外开放三幢。其中,34 号被开发成极具品味的南洋风情咖啡馆,现停业装修;42 号开发为中国非物质文化遗产南音和木偶的演艺中心,一楼为木偶演艺中心,二楼为南音展示;最富建筑特色的主楼 38 号则被开发为鼓浪屿建筑艺术馆,主要展示老别墅及其背后鲜为人知的名人往事,深具怀旧色彩。

作为笔者本次研究重点的 42 号别墅,现虽作为南音和木偶表演场地对外开放,但是利用率低,很多房间空置着、广场没有被激活、架空层闲置;同时,由于表演场次衔接不合理,室内外缺少统一的标志引导,使得整个海天堂构的参观流线不顺畅。

海天堂构是鼓浪屿八大核心景区之一,为全国重点文物保护单位,同时也是 53 个申遗核心要素之一,受到了鼓浪屿管理委员会极大的重视。其在历史价值、文化价值、社会价值上和艺术价值上在岛上都名列前茅。海天堂构位于鼓浪屿中部建筑风貌区,可达性好,沿途经过原德国领事馆、天主教堂、黄荣远堂、原日本领事馆等景点,同时相邻鼓浪屿商业中心,是上岛游客必到景点之一。海天堂构经过重新开发利用,三栋建筑的室内已经根据功能需求适度规划,平面被重新划分,功能被替换,室内也已经装修了。

6.2.6.4 现状劣势分析

海天堂构中的三栋楼虽已被开发利用为闽南文化展示馆、鼓浪屿建筑展示馆和咖啡馆,具有一定的使用价值与文化价值,但是由于规划不够完善,缺少一个统一的主题,建筑只有一部分被利用起来。

海天堂构现存空间闲置较多,广场未被激活利用,隔潮层封闭,外廊被封闭闲置、流线不顺畅;咖啡馆与其余两栋建筑分隔,破坏原有逻辑;同时由于票价过高,使得只有小部分游人得以进入其中参观,利用率偏低。

6.2.6.5 机遇分析

现在正值鼓浪屿申遗阶段,海天堂构作为 53 个核心要素之一,受到了鼓浪屿管理委员会的高度重视。海天堂构可趁此机会进行进一步的修复开发,梳理参观流线,将功能统一起来,形成一个有机的整体,使游人能够更多地参与其中,与展品产生互动，从而提高海天堂构的利用率，更好地展示闽南传统风采与鼓浪屿建筑历史。

同时海天堂构位于鼓浪屿中部建筑风貌区，离钢琴码头和鼓浪屿商业中心近，可达性好，沿途经过原德国领事馆、天主教堂、黄荣远堂、原日本领事馆等多处著名景点，将海天堂构与这些景点联合开发，可形成一个更大的辐射范围，激活整个鼓浪屿的活力。

6.2.6.6 潜在风险分析

随着海天堂构进一步的开发，利用率提高的同时，伴随着客流量的增大，这无疑会对作为全国重点文物保护单位的海天堂构带来维护上的负担。楼梯、栏杆、洗手间、座位等易损构件，需经常检查维护。

同时，开发即意味着改变原来的功能、布置、装修与材料，这从一定程度上破坏了建筑原有的肌理与历史印记。所以在规划开发之前要仔细研究建筑的历史与原有材料，最大限度地保留建筑原样，沿用原有材料，保护其历史印记与艺术形式。

6.2.7 海天堂构主楼

鼓浪屿作为文化遗产，具备历史、艺术、文化价值与经济价值。在对单体建筑的整治改造中应注意如何维持其本身特质，不荒废现状，不过度商业化，利用应与环境吻合，找到旅游开发和环境保护之间的平衡点。

海天堂构属于住宅类建筑，外观保存较好，内部基本保持，建筑质量完好，区域历史环境较好。目前海天堂构功能为展览馆，展示方式有建筑外观展示、局部室内展示、标识性展示、阐释性展示、体验性展示。此类展示对本体影响不严重，同时对价值呈现有利，易于进行日常保护和日常保养。展示内容可延续当前使用功能，适当增加互动性内容。由于展示方式直接，内部空间过于平铺直叙，缺乏展示馆的魅力，就此现状，将原有展示内容结合内部原有的彩窗特色进行内部空间的改造设计。

6.2.7.1 建筑环境

海天堂构主体即福建路 38 号外墙以红白两色为主，有明显的建筑色彩，色彩鲜明抢眼，在设计中应该注意保留其原有建筑色彩。色彩鲜明的彩窗在建筑内部成为一个明显的特色,将色彩融入设计和现有展示结合起来,进行新的整合设计,让内部空间更具有吸引力;藻井作为一个有吸引力的建筑特色空间,上面原本精致的花纹没能得到好的展示,失去其原有的魅力,应当结合照明采光将其突出。目前展示方式较为单一死板,利用展示柜和墙面展板的方式对不同的展品进行展示,照明考虑欠缺,不具有可停留阅读性;二层可利用的平台现在已经封死,空间利用率低,周围的回廊和建筑内部脱开,未打开或者做展示用途,使建筑空间和环境脱离联系。目前隔潮层作为展示的一部分,但是光照差,照明方式使展品不具有可看性,有互动性的展品也没有人停留下来进行参与,对隔潮层的展示方式同样应当考虑改变其照明方式。

6.2.7.2 物理环境

利用彩色玻璃为载体,通过精心地将它们排列成各种不同的几何阵列来表达自己对光的审美认知,不同颜色的镜面反射出来的光互相叠加交织成霓虹般的色彩,从而创造出光影艺术,而且这种复杂的光影团还会随着光线与观察者的角度变化而变化。海天堂构的内部设计可以参考这种展示方式,在卷纸的纸筒中创作自己的剪纸作品,这些剪纸作品通过圆形的纸筒观看,就如看电影一般将不同的场景展现在观赏者眼前,并且合理的照明使内容更加具有吸引力。在和海天堂构的工作人员交谈中,对方提出意见,如果能够还原一些当时的场景可以使展示内容更加丰富,运用这种方式可能是个不错的选择。互动灯光的装置将灯光的概念转化成城市空间中的游戏,让各个年龄层的公众都能参与到以灯光和色彩为基础的互动系统中。同时利用镜子来形成视线的特殊效果,使地上摆放的一系列建筑立面模型产生违反地球引力的各种视觉效果。这样的展示方式可以融合场景,让游客与建筑之间有所互动,例如还原各种生活场景。

7 鼓浪屿作为遗产地的旅游价值与可持续发展

遗产旅游正在迅速成为政府促进旅游业计划的一个重要因素。这在不小的程度上是国际保护机构的工作成果所引发衍生出的政府执政措施，这些国际机构包括联合国教科文组织世界遗产委员会（UNESCO WHC），国际古迹遗址理事（ICOMOS），国际自然保护联盟（IUCN），以及国际文物保护与修复研究中心（ICCROM）。这部分内容将以鼓浪屿为例，分析其文化旅游中的强项、弱项、机遇与潜在危机。

鼓浪屿作为旅游目的地之早期所获得的关注，以大众休闲为主。阳光、大海、沙滩、购物旅游，主要是面向来自遗产地以外的国内外游客。伴随着鼓浪屿申请世界遗产地的成功，鼓浪屿旅游，已经从失控而得到了有效的控制，并且让位于更为微妙的可持续的方法，以开发旅游，注重文化和环境的发展，以及有节制地控制和分流进岛和在岛的游客数量，并从接待国内外一般游客，到有组织的、有导览服务与特定线路的、专业性与教育性的国内外旅游。由此，国内外来自遗产地旅游的重要性、教育性和目的性日益增加。这部分内容，探讨如何在可持续发展被引入到世界文化遗产地和自然遗产地的管理方面，如何进行对于本地遗产的全面深入挖掘，从而推动对于鼓浪屿在联合国教科文组织的世界遗产地之国际社会乃至亚太区域的文化遗产展示与推广。并对需要在遗产文化旅游方面确保游客利益最大化，以及遗产资源的相关经济价值的最大化。从而使其他发展压力不破坏政府和国际机构所希望保护的遗产问题得以解决。历史建筑和遗产建筑与遗产地的再利用与转型（转换），继续成为保护和活化文化遗产的主要挑战。为了将鼓浪屿的建筑遗产放在一个全球化的或至少是亚太区域背景之中，关注点集中在了其物质与非物质遗产方面，以发展、生长以及对于历史的象征性和文化记忆所赋予遗产地的价值，展现对于遗产的使用或再利用。这一部分聚焦在可持续的再利用的策略上，包括遗产地旅游作为今日的文化和经济景观的一个基本组成部分,这对于历史环境既是一种受益,同时也是一种威胁。同时也探讨混合使用与协同设计的发展模式。鼓浪屿的过去和现代之间的关系,是一种动态的、在时间和空间两个向度上的关系,是一种动态的、对于文化和认同的相互作用的分析。鼓浪屿的建筑与遗产,展现了一种城市文化与历史的关联方式,以及我们今天赋予岛屿的各种价值。这使得我们再思考民族和区域的认同,通过文化与区域以及代际的视角,对于遗产的使用与价值问题产生新的观点,以此对于建筑遗产的保护与可持续再利用,提供未来的政策和规划建议。

在国际层面看,遗产旅游占据各国的国内生产总值的百分比,随着遗产地的数量与管理水平而不等,并因遗产的经济价值而受到了研究者和政策制定者们的不断的认可。的确,遗产旅游被认为是日益生长的旅游产业中最为重要且增长最快的"文化经济",无疑,在当代文化、社会和环境的实践与争论之中,历史遗产正在因其有用而享受着复兴之路。然而,因缺乏对于遗产价值和重要性整合进入到管理过程之中的尝试,甚至缺乏一种对于"文化旅游"的清晰定义,以及对于遗产旅游这个重要方面的焦点关注与深度挖掘,而使得一些具有世界遗产地潜质的遗产地,没有得以相应的地位提升。当今城市与其建筑遗产之间的关系,在此成为关键。首先应该思考一下,对于城市空间的持续变化的使用以及变化的感知。特别是在此思考关于将历史遗产用于在城市肌理之中镌刻下文化记忆的方式与方法。我们也可以寻找在各种形式的文化碰撞中的相互作用,这有助于思考关于保护和可持续再利用的策略,并且切实融合历史和现今的新方法,这在当代的城市实践中日益突显出来。也许,建筑历史学更关注于我们能从过去汲取什么教训,以适合于未来城市的发展和建设问题,以一种全球文脉的角度有助于我们来思考鼓浪屿,尤其是其建筑遗产。这可能增强我们城市空间和在跨国文脉中的文化遗产转型的复杂的动态机制。更确切而言,对于现在状态的一种历史学的(历史性的)欣赏。

7.1 交叉学科方法

为了将鼓浪屿的建筑遗产放在一个全球性的或至少在区域性的文脉背景下来

进行审视,我们需要既关注其物质的也关注其非物质的文化遗产,以发展和生长的模式来显示对于历史遗产的使用与展示,以及对于历史符号和文化记忆所赋予的价值。其中一个最为有效的复杂分析和研究,就是通过多学科的研究探索,包括艺术,人文,社会和保护科学学科各个领域的综合性的知识和遗产再利用的方法。最为明显的是建筑的历史知识和一个城市的文化生命是一个关乎保护或者可持续再利用的诸多策略之中的一个核心策略。我们必须知道并理解一个建筑或一个城市空间原有的意义,以及某些案例的物质状态,这样我们才能判断其文化价值,以及其在未来的适应性和可持续再利用的策略之中所起到的作用。文化旅游,是全球旅游业中增长最快的部分之一,一直是国际和国内游客兴趣的主要焦点。在亚洲,尤其是在后殖民时期城市,因文化遗产的概念和世界遗产地的重要性而使文化旅游的兴趣得到了加强。文化遗产可以是有形的和无形的。对于前者而言,文化遗产指建筑物、古迹、景观和文物。鼓浪屿在过去的十年里,因旅游的饱满,时不时传出游客超载而使得遗产地失去了原有的海上花园的静谧。因此,基于线路组织的游览路线游,将分散的文化景点和遗产建筑的独特历史故事,以旅游路线告诉游客,并创造有趣的旅游主题。

旅游业是无烟产业,给城市带来活力,为政府提高国内生产总值(GDP)指数。除了旅游市场的推广,基于路线的旅游业对历史地区旅游业发展的可持续性尤为重要。考虑到历史文化和遗产地通常是空间非常紧凑的,并很容易造成拥挤,将旅游路线的概念应用于引导邻近地区漫游的游客,可以减少特殊遗产地的压力,提高城市的整体承载能力,从而保持遗产地可持续的长期发展。以前的研究都集中在一些如何有效创建成功的旅游路线方面,例如提供良好的基础设施支持,可及性、视觉信息、城市地图指南、如画的美丽风景等。特别是新的通信技术,诸如智能手机,已应用于提高文化遗产的知名度来促进游客到达。为了加强文化旅游的推广,先进的技术是创造地图和位置敏感信息所必不可少的工具。

一种方法是由地理信息系统(GIS)为工具,来显示由 GIS 所制造的地图所定义出的城市景观。还有一种方法是空间估值方法,用于识别和映射游客感知的景观价值及相关威胁。然而,旅游路线的声学舒适度,在学术研究和决策制定中却很少提及。由于城市遗产地密集人口与紧凑型城市形态的存在,以及缺乏对车辆数量的控制,街道上的环境噪声水平可能会超过国家或国际标准。虽然鼓浪屿是在过去是一个没有车马喧嚣的宜居之地,因为旅游者与外来人口的大量融入,岛上的噪声正持续增加,并对于包括舒婷等诗人艺术家在内的在岛居民带来干扰。随着遗产地的知名度提高,喧嚣噪声可能会更高,来自发达国家的外国游客可能会非常不舒服,从而危及鼓浪屿遗产地旅游地的声誉。为了能有一个竞争力的旅游环境,一个迫切需要是提高在声环境方面的关注与保护限定,尤其是成为世界遗产地路线上的旅游景点。近年来,为了解决游客过度拥挤于热门景点的痛苦这个问题,厦门市政府采取了将上岛游客与本岛居民以及分流登岛的路线,采取分流的处理方法,将原有的几个轮渡码头开放为各种功能的码头,显示出非常好的游客分流效果,促进了文化多样性的呈现,将全岛展示出来,为岛屿未来的可持续发展之路,进行了必要的调整。

7.2 场地、景色和环境

时常会有这样的情况,发展商面对的是一个有许多列入名单的建筑,在场地之中或者在保护区内。其建筑规划,不但被本地保护者们反对,而且规划委员会小组内部也时有争议,因为很难将对建筑发展的设想,与满布着保护名单历历在目的建筑场地,或将建筑的特征与形象与周围环境相互融合的完美计划。有时,令人惊奇的是,这比重新发展或者昂贵或者经济,令建筑师或规划者对每一具体的案例而采取不同的对策。在此,正如前文所述,保护包含了适应性的可能性,而且它获得了相对于每个人而言的发展体系而绝非是仅只个体的兴趣而已。这即是本章所讲的广义上的场地与环境。

在一个有历史意义建筑的庭院中,总有着或自然或人为特意营造的特征,那些特征和环境有着直接关系,并且对建筑的功能和使用有很大的影响,这些是调查者需要考虑的。建筑、构筑物、场所、地形,他们之间的相互关系往往就能区分一个纯粹的房子和一幢真正的建筑。如同前一章节所阐述的,本章节并不在于仔细考虑关于场地和环境的各个方面,而是给出一些可能性,什么需要解决,什么需要长远考虑。这些特征或者情况的发现,不是在于调研者的经验是否丰富,也不需要专门的特殊技能。

一栋建筑的某些部分的朝向,需要考虑到日照和主导风向。朝向对从建筑材料的热量扩散,内部空间对日照的获得,风雨,和那些不断增长的青苔到那些需要遮阴的部分有重要的影响。这些在水边的位置时尤其需要考虑。在那些建筑密集的地区,也要将来自道路、工厂和相邻用地的噪声和污染放入考虑。

从一个屋子看出去的景色,不论是看到了花园还是外面的景色,总是在建造房屋或者花园的时候就被考虑到了的。远景,任何特色,或者能在特定角度被看见的景色都是非常重要的,它们被视为屋子的一部分,也作为评价好坏的一部分,当然也作为保护的一部分。如此设计时,总会有某些植物和某种高度的树在设计者的脑中,而被设计者设计出的景色总是不能如预期那般模样。参考绘画,种植计划和当代的手段,可能对那些负责设计园林和景观的人有用。尽管场所和基地环境会影响建筑的朝向,但是设计和建造一幢新的建筑会对已存在的建筑产生直接的影响。对于建筑预期的改变、扩展或者使用功能的改变,可能才是更为重要的考虑应素。①

7.2.1 硬景观与软景观

硬景观有很多特点,排除一些细部的考虑,但有些可能视为细部也是硬景观,如小径、石铺路面、台阶、斜坡、快车道、站台、停车区、栏杆和园林的小品。软景观的特点往往和建筑本身的调研无关,但是软景观所考虑的因素会与建筑能否很好地建成使用有关。考虑的因素包括树木的品种、大小、触感,来自那些将断未断的树枝的威胁,还有树的遮阳效益和通风问题。专门的意见通常是区分乔木和灌木,然后对他们的状况进行估价。若哪个地方的树木的生长威胁到了建筑的稳定或者会破坏建筑,那就很可能用传统的手段去修剪树木,当然在修建的同时也会同样避免树木受到毁坏性的威胁。值得一提的是,在森林里每棵树,它们都受到树木保护条例的保护。条例中规定禁止没有授权砍伐、修剪、毁坏树。在指定保护区的树木也受到同样的保护。凡是和水有关的,如湖、塘、池、河、喷泉还是瀑布,也都是需要

① Jared Diamond, The World Until Yesterday: What Can We Learn from Traditional Societies? [M]. Penguin Books: Reprint edition, 2013.

生态学者,工程或景观学家做调查给建议的。

7.2.2 园林建筑和结构

各种各样的建筑和构筑物被安排在园林或者景观带,这件事情本身就有很长的历史,也成为很多书刊的话题。这里简单列出了将来会更普遍的对园林的评价。对于园林现状的估价将会取决于个体建筑的形态,材料的选用,地理位置和最近的使用情况。包括园林和景观的建筑和构造物包括了温室、阳台、凉亭、(供儿童游乐的)树上小屋,浴室、蓄水池、洞穴、景观塔、假山、湖、池塘、鱼塘、河、喷泉还有小瀑布。还有的不动产也可能包括了鸽房、冰库、井、车房、修车库、大温室、奶房、烟熏房、各种储存用房、烧窑砖和石灰的地方、木加工房。园林雕塑,不论是青铜的、紫铜的,铅的还是石头的,都需要专门的技术去定位和诊断存在的问题。典型的问题包括铸件有损坏,金属生锈,内不腐蚀,雕塑不稳,影响整体效果的破坏,未完成的雕塑,着色和植物对雕塑的破坏。蓄水池和缸,当被用作种植时,需要做保护处理(垫层)还需要有很好的排水。

7.3 整体论的方法与展望未来

日益地,建筑被视作相互联系的整体,其中的每个构件,每个成分或者每种材料都是相互作用的。这种看法为对待建筑以及它们的不足之处提供了一种新的方式,即重视整体而非局部的角度。这种帮助理解症结和缺陷的整体论方法或许在以下一种根本性不同的方式中最容易体现,那就是干枯现象如今已经被监控并且包容着,而不是给予它彻底地消除。

随着人们日益增长的了解历史建筑的需求,测量人员应该采用综合多门学科为一体的技术手段来提出恰当的问题并且给予深刻的解答。当今这种综合性手段只被用来研究大型的重要的建筑,然而日益增长的需求要求这种手段同样被用来对待小型的,正在修复更新的建筑。能源利用效率是评估建筑物质量时需要考虑的一项重要因素,但是现代的标准是否应该强加在老建筑之上是很有争议的。屋顶要绝缘的规定造成了真菌生物的大量生长，因为自然通风路径被堵塞，水汽凝结现象的发生率提高。

生活标准的改变以及人们怎样消磨时间同样可能会影响到历史建筑怎样满足我们的需求。当一座建筑物中生活着多个居住者的时候，特定的问题就产生了。对于公共的或者私密的通道，服务设施，隔音装备，挡火墙，逃生通道，以及私密性的保障的安排布置都成为在历史建筑之中需要解决的问题。

民宿在最近几年引起了广泛的关注。尽管被用作旅馆，休闲娱乐中心和其他商业用途将为这些本来会被遗弃的房屋带来新的生机，人们在处理某些案例的时候，缺乏足够的敏感度。另一个消极因素是，新的房屋拥有者没有能力去重现以前生活在建筑物中的人的生活方式。

传统材料的加工方式也随着人们对传统手工艺技术的漠视而失传。通过师徒关系和经验学习传承的传统的建造方法能够满足不同时代人们的需求，并且包含了对各种材料和技术的适用范围和缺陷的知识，然而，这些传统技术正在被预制构件和标准化的精确度的现代的快速建造方式所取代。其实，这些传统技术和手工艺的训练应该重新传授人们学习。

7.3.1 关于建筑保护的专业培训

直到今日，建筑保护的教育主要安排在研究生阶段，并且只针对建筑师，规划师和测量人员。但是逐渐的，少数必要的其他课程和手工艺者也被纳入课程计划中。然而当今的趋势是，更多基础性“建筑遗产”课程被安排进入大学生的课程中去，以期能够为人们更多地提供关于建成环境和自然环境的学习机会。这种趋势来得正是时候，因为在研究生阶段“建筑遗产”课程不可避免地会因为服从整个教学规程的需要而沦为选修课程。

特殊技术工艺的教授同样也十分重要，这样的培训可以弥补由于技术和制造智慧的失传以及人们对传统工艺需求的减少所造成的损失。无论以哪一种方式传授，特殊技艺的培训毫无疑问的都是支撑建筑保护事业繁荣发展的必要课程。1994 年，荣誉测绘组织的主席在他的就职演说“将来的趋势”中提出疑问，人们是否足够关注到历史建筑环境对英国全国经济繁荣发展的重要意义，他还特别强调了建筑遗产和旅游业的相互关系。这些因素应该被视作是“学术机构面对提高建筑保护教育的重要性问题所给予的答案”。①

当今，人们必须认识到对于建筑保护专业教育的需要是有限度的，过多的要求只会造成资源的浪费。因此，不应该以扼杀设计师的创造才能为代价去片面追求建筑保护领域的技能。同时为了使建筑保护不只是纸上谈兵，建筑保护的专业培训必须满足今日专业人员和雇主们的要求。

7.3.2 教育大众

建筑保护的教育必须同时扩展到包括诸如建筑物所有者和使用者这样的一般人。全国性的战略计划，以及礼仪社会，教育信托组织和地方政府专业保护人员的工作，能够帮助人们认识到保护历史建筑对于地方自明性的重要意义。保护教育同时应该涉及诸如基本的保护哲学和优先原则问题。由国家信托组织制定的遗产保护日和截至2000年的全国范围的巡展和研讨会议，是值得称赞的举措，因为它们激励了全国人民去应对基本的文化、经济、政治问题。另外，必须促使人们更好的了解专业实际保护服务，并且知道从哪里获得这些特殊服务。最近的关于建筑测量本质内容与形式表现的困惑，显示出大众建筑保护知识的欠缺，以及缺少来自相关专业人员的指导。在这快速发展的时代，不管是国内还是周边国家的实际经验都告诉人们，专业人员能够获得相关建筑物的所有者和使用者的理解和信任是十分重要的。

7.4 城市保护与可持续发展

检视城市保护的整体背景，对于设定城市保护的场景来说非常重要。在艺术、建筑和景观的变化之中的样式，以及这些变化与保护行动的关系是非常重要的。这一章讨论建筑与整个城市街区的保护思想。

---

① Jeremy L. Caradonna, Sustainability: A History[M]. Oxford University Press, 2014.

与保护相关的行动具有漫长的历史。最初的行动几乎完全是因为对于历史与作为历史见证者的人的关心、尊重,甚至虔敬的态度。希腊人以光荣之心,保护雅典卫城,罗马人以帝国姿态,保存了遍地的教堂古迹。古典是一个特别涉及处理建筑秩序的手法。无论是建筑还是城市,都遵循比例原则,以取得完美和平衡的感受。这种对于当下存在的建筑的态度,也影响了我们对于历史建筑和仅仅是既有建筑赋予色彩的感受。而主流的审美意境,也经历着几乎完全的逆转。社会精英的创新活动,开始将"美的""庄严的"和"别致的"引荐到哲学和心理学中,由此这些概念开始在建筑学中日益变得明显。人们对于这些概念的解释,在乡村的、工业的以及宗教的聚落形式中,都以"范式模型"而有所表达。"如画的"那种看上去非对称和缺乏秩序,是反对古典主义戒律的一种反应。这些不同的审美理想,因为一群建筑师和关注建筑的作家而喧嚣鼓噪整个社会,而使得大众皆知,由此对于所接受的建筑风格产生深远的影响,对于如何能够保护历史建筑也具有深远的影响。这种美学的、社会的态度所发生的变化,导致保护立法最初的产生,显而易见,这是一种理性的和机械论的方法。

随着变化,社会精英意识到现在的建筑,必须源自历史和过去,但不应该仅仅是复古。历史建筑杰作,应该加以分析应用于当下。经验或教训,借鉴用来解决当下的问题。人们开始认识和欣赏历史建筑与纪念性建筑,许多具有纪念性保护作用与景观意义的例子,是举世认可的。这些包括受到保护的教堂、城堡以及新的景观园林的产生。特别是景观园林常常与小城镇相伴而生,并且对于乡村的农业和聚落景观的形式具有极大的影响。除了某些景观园林外,这些精英活动的例子是当下引导城市保护努力的主要焦点,相对来说还是比较小的。的确,与精英变化的视野形成对比的,是那些较低等的社会阶层,包括许多官方和市民组织,似乎更感兴趣于城市空间再发展机会。这是以毁掉如画的但是具有历史价值的建筑为代价的。特别是,从乡村景观到城市区域的保护,大多数最近的居住郊区具有主要的变化。从 18 世纪景观的如画传统视野,已经减弱了城镇景观的视野。在当下这个世纪,保护正如作为一种整体的规划一样,经历了可以被称为是一个周而复始的变化过程。公众特别是以那些精英为代表的一群人,在表达保护的观念时,具有更为响亮的声音。但是,正如所暗示的那样,这些都还是在外观等表面层面而未关注其真实性层面的作为遗产的城镇景观而非历史。虽然,保护现今在社会历史方面已经达到了较高点,但可能会被其他更宽泛的领域所取代,例如对于规划和发展中的可持续发展的考虑。①

7.4.1 可持续的城市:概念与主题

正如遗产、修复、真实性和可持续发展,意味着许多意思一样,可持续的城市之概念也许难以捉摸或单一地确立定义。然而,在理论的层面,有更多的共识。如果不是在实践中来实现的话。正如意大利文艺复兴的理想城市的许多不同版本一样,其前任与后继,如果不是一个在地方或时间中的一个固定目标的话,而是一个不断变化的,如社会所期许及技术变化的那样。②

在可持续的城市主题下,城市发展如何能满足人类的需要,同时又满足生态的可持续发展。一座可持续的城市,就是人们努力提升其在邻里和区域层面自然的、建成的和文化的环境,而以很多的方式,总是支持全球可持续发展这样一个目标。也即是寻找城市与其区域之间的一种平衡的关系,寻找城市集群和世界上一定的有限资源之间的关系。此外,在今天可持续城市发展最为强烈的主题,就是只有我们视城市为一个动态和复杂的生态系统,并且以这样的方式管理它时。

可持续的城市,将寻求保护、增强和促进其在自然的、建成的和文化环境方面的资产。在全球尺度上对于可持续的城市的争论具有贡献的主要议题包括:①与土地使用的关系;②清洁水的质量以及可以获取的程度;③不可再生的原材料和能源的消费;④空气污染与其对于健康的影响;⑤垃圾的起源与处理;⑥城市环境质量——包括社会经济的以及对于未来需要的适应程度。

研究表明,土地问题迅速变为最为严峻的问题。在一个人口迅速增长的世界里,以及一个城市元件更为迅速增长的地方,在土地因发展而来的消耗以及依然留待耕种以便喂养人口之间的关系,是有待考虑的许多因素之一。

1900 年,在不到 20 亿的世界人口中,只有 15%的人住在城市里。

2000 年,刚达到 60 亿的世界人口中,住在城市里的人已经升至 50%。

---

① Marta de la Torre, edit. Assessing the Values of Cultural Heritage[M]. The Getty Conservation Institute, 2002.

② Dennis Rodwell, Conservation anf Sustainability in Historic Cities[M]. Wiley, 2008.

欧洲城市人口平均达到了80%，从50%的国家(例如罗马尼亚)到90%的国家(例如英国)。

研究表明，城市仅仅占据世界土地的2%的地球表面，每年消耗自然资源达到75%并以同样的比例排放垃圾。

我们生活在城市时代与可持续的时代。城市是在自然环境中聚焦于消耗资源和降解垃圾的地方。要获得一个可持续的世界，我们必须以城市为出发点及改变的契机。

对于可持续城市的整体概念的理论上的共识，以及关于它的主要的议题，是关于城市的大小、形状、密度、布局及在一座城市中的活动分配布点乃至自然消耗和污染的负面效应之减缓与环境品质的正面效应得以增强，以及其他方面的归纳—包括文化和生物多样性，同代和代际之间的公平。广泛持有的出发点在于可持续的城市是紧密的、高密度的以及混用的。这样的城市应该是每日的出行需要减少行走或以自行车作为首选，公共交通有效并可行。能源消耗、污染排放、垃圾生产处于基本底线。土地使用中的经济因素，是由于较少道路之需而得到辅助的。同样，地块之间很好地彼此连接以公共交通。如此，大小或形状都不是主要因素，迫切的必要的因素是可以无障碍地接近及访问。

除了后工业时代商品运输或人员交通机制外，与前工业时代城市具有相似性的是，几乎总以一种可持续的关系保持其地方性这样一种模式。当然，历史的城市因循第一次工业革命而重新塑造。最初，因为铁路，之后是因为汽车，今天，因全球经济，城市已经从文明之地改变成为聚集、筹集、调集的管道，包括人力的调集，自然资源与商品的筹集乃至垃圾的运输，等等。

7.4.2 可持续的城市视野

21世纪可持续城市的概念，取决于一种视野，那就是逐步地复苏历史城市自给自足模式的主要方面，而不是撤退到那个状态。同时，积极拥抱和面对以往那些本土化地方之全球化不可阻挡之潮。此视野最为基本的元件，是避免20世纪那种对于现存城市的特立独行的方式方法—无论是通过勒·柯布西埃的作品与写作而进行的诠释——中心城区再发展或贫民区清除计划或者其他——还是认识现存城市本身的物质肌理本身构成了一个极为多样的、丰富的、不可再生的环境资源，一种与赖以生存的社会经济框架之同样丰富多样不可分的模式，代表我们已经栖居的环境之都所应关爱的创造性地适应，以一种比现存更好的条件继续传递给后代。简而言之，即包括联合国教科文组织(UNESCO)定义的广泛的遗产概念。①

城市可持续的目标，就是减少使用不可再生的自然资源以及垃圾的生产，而同时改善增强其宜居，这包含了所谓的 3Rs，即减少排放，再回收以及再使用。对于历史城市中的建筑师—规划师来说，出发点即是已经建成的基础设施与建筑，以可持续的视野，不论其建筑和历史兴趣；而从保护的角度，作为主要保留和适当关心的理由与原因。

以可持续发展的尺度，创造一种混用的发展概念，希望鼓励发展城市村庄，以便重新介绍人性尺度与亲密关系以及充满活力的街道生活。这些因素，可以帮助人们恢复归属感，并且在各自特殊的环境中感到自豪与骄傲。

城市村庄是一个城市规划和城市设计概念。它所指的城市形式，典型的以具有如下显著特征而著称：①中等密度的发展；②混用的区域；③良好的公共中转设施；④强调城市设计—特别是人行道区域与公共空间城市村庄用于许多城市的都市发展模式中，提供另外一种模式，特别是提供一种“去中心化”和城市扩张中的分权制。其本意是：①减少对于汽车的依赖，并提升促进自行车行走以及过境的使用；②提供一种高层次的高级别的自我遏制，在同一区域中，人们工作并重新创建及快乐生活；③协助促进强烈的社区机构以及相互作用。②

城市村庄的概念，在 20 世纪 80 年代晚期，因城市村庄组的成立(UVG)而产生。其城市村庄理念已经应用于新的绿地发展—即在一个城市中或乡村中的未开发之地，或用于农业、景观设计，或留作自然演化之用。一个具有远见的发展商，与其在绿地上建造，不如再发展那些棕色地带或灰色地带。即那些已经开发过的，但是被废弃或闲置的。例如工业的和商业的设施之再利用。这些棕色地带和灰色地带，虽似“昨日黄花”，土地一旦重新清理，具有无限再利用的潜质，亦能“死灰复燃”。

---

① http://whc.unesco.org/en/criteria.

② Dennis Rodwell, Conservation and Sustainability in Historic Cities, Wiley, 2008. 其中“城市村庄”的概念，来自维基百科 wikipedia.

城市村庄这一概念,与美国的"新城市主义"运动紧密相关。前者的发展,被看作是一种结构紧凑型的混用,有一般步行者至上的专用村庄。其中,至少在理论上,人们可以生活、工作、购物并在一个独立的区域中享受一种积极的社会生活,运用传统的建筑材料以及建筑风格。后者提倡在城市设计中运用,提倡可以行走的街区,其中包括一些房屋与职业类型。"新城市主义"运动,在20世纪80年代早期兴起,并逐渐持续重塑了房地产发展及城市规划以及市政土地使用策略的很多方面。它受到了直到20世纪中期一直盛行的以汽车工业的兴起为主流的城市设计标准的强烈影响。它包含诸如传统街区街道与邻里街坊的设计原则以及以可穿越过境导向发展的原则。这也与区域主义、环境主义以及城市智慧生长这一宽泛的概念紧密相关。《新城市主义宪章》如此写道:"我们倡导重构公共政策与发展实践,以支撑如下原则:邻里应该是多样化的使用,人口应是多元化的,社区应该是为步行者以及汽车过境而设计的,城市应该由物质界定的以及普及的公共空间和社区机构;城市之地应该由建筑和景观设计来庆祝纪念当地的历史、气候、生态和建筑实践。"①

新城市主义者支持为开放空间而进行的区域规划,与文脉相适应的建筑与规划,以及工作与居住的平衡发展。他们相信这一策略能够减少交通拥挤,增加可承受住房供应以及单纯的向郊区蔓延扩张。宪章也包括诸如历史保护,安全街道,绿色建筑及棕色地带再发展这些方面。

假想的城市村庄,召回了霍华德的花园城市的视野。城市村庄缺少功能的分割,而这是花园城市概念的基础。但是,如法炮制了同样的英格兰式绿色与愉悦之地所产生的统一:家庭生活的同样浪漫的图案,正如霍华德视野的投射:在规划的单元以及在规模上有所限制。城市村庄最多5 000人口,而花园城市达3万。同样,大规模发展将是一个多个中心的模式。田园般的图像,因为为城市村庄所提出的朴实而无虚饰的突出新规划之划定一规划城市发展结构。

城市村庄是一个不那么野心勃勃的优秀概念。从传统城市中现存的社区模型出发,以及以许多特别是已经丧失了品质的现代大城市的重新排序为前提,最为明

---

① [美]Emily Talen (艾米丽·泰伦)编. 新城市主义宪章[M]. 2版. 王学生,谭学者,译. 北京:电子工业出版社,2000.

显的城市村庄概念的应用，并不在绿色，而在现存城市已经发展了的地带，那些混用的街坊邻里地带。作为一系列城市村庄每日方方面面的功能。作为一种重新建立而非追求创造可持续尺度的混用发展模式，城市村庄依然是特别有价值的。在现存的社区和历史性城市中，其作为可持续发展的主要组成部分之应用，应该说是姗姗来迟了。

那么，理想的可持续城市是什么样的呢？自从古代，建筑师和城市规划师曾追求以规模大小和城市形状来界定一座理想的城市之参数。

规模，以一种生态系统的比喻，是被用以表明并无一个最佳的人口的整体规模，而一个成熟的可持续城市，就如一个成熟的生态系统，是密集紧致的，结构紧凑的，在空间的使用上是高效的，并具有创造日益增加有效适宜规模的潜质。这些包括在能源的使用以及营养成分与物质资源循环体系的可行性方面。此外，高层次的功能多样性，增进了生产者、制造者与服务之间的平衡；高层次的结构多样性，可以满足不断变化的功能和空间需要的灵活适应性与感应性；而高层次的社会多样性，增进了平衡与自我调节的社区结构，为整个系统提供了总体的稳定性。

形状，实际上规划设计并非是在一张白纸上作画，勾勒线状的圆形的、环形的、多心形等形状。社区和城市的规划设计，是以其规模形状社会-经济结构作为出发点的。霍华德花园城市的概念，问世于 1898 年，是基于围合 400 公顷土地的圆环并容纳 3 万人口(以每公顷 75 人的密度)，圆环的直径为 2.3 公里。而城市村庄组所推的“格里维尔”1992 年问世，是一种适于 40 公顷的密集之地，容纳3 000～5 000人口。

而现今与可持续城市相关的理论表明，并没有一个理想的规模或形状。挑战在于要评估并重返其可持续的秩序，每一种都是根据其个别的模式与需要，包括预期的人口稳定性或者人口扩张。

7.4.3　城市的文艺复兴

显然，意大利对于亚洲以及中国的影响，并未以城堡或商业聚落的正式身份出现。然而，许多初到鼓浪屿的游客，会情不自禁发出仿如身在意大利小城之中的感叹。可见，在文化的无形氛围之中，意大利对于城市文化与建筑遗产的影响是多么的至关重要。

在那些欧洲国家纷纷发现“海外”奇珍世界的时代,意大利人却在默默地寻找着自身的曙光与内在的光芒。正是以那文艺复兴的新思想新理念,而征服了整个欧洲乃至世界。其中的建筑灵感与理念,是受到地中海古典建筑遗产的深深的启发。以此方式,许多人将地中海阳光之下的古典之美传播到海外。在城市规划上、总体形式上、建筑立面上、门窗细部上、在“东方地中海”的倩影,都是它的投射所至。这些文艺复兴的符号象征,无疑应该都是在所谓的殖民时代完成的,如今在鼓浪屿的许多建筑物上依然清晰可见。

在遥远的意大利,有另一座“翡冷翠”花城,它与鼓浪屿曾经如此相像。弯曲的街巷与不期然的如画景致,不知是不是东西方匠人们的心有灵犀,还是意大利文艺复兴建筑艺术的源远流长。

意大利文艺复兴时期,正是基督教与人文主义的融合时期。当时认识到古典传统文化艺术,既是历史的一个重要的纪元,也是文化持续性与创造性的跳板。历史古迹遗址,无论是已成废墟或依然健在,都因其固有的建筑质量与艺术视觉而无上荣光,并因其历史的和教育的价值而激起人们对其建筑与历史的兴趣。而 18 世纪欧洲的启蒙主义时代与理性主义时代,在科学上的进步更伴随着日益增长的对于古典希腊和古典罗马的兴趣。18 世纪也因为那些描绘古典及中世纪遗迹及田园的浪漫绘画和雕刻而兴起了“风景如画”的建造活动。18 世纪,出现了为保护古迹艺术而产生的监护制度。意大利许许多多的大型博物馆与艺术画廊,正是将所收藏的艺术品转变为文化和自然遗产的功能场所之所在。而许许多多的城市,都成为活生生的文化遗产,向整个世界开放,并主要通过世界遗产公约而得以表达。① 翡冷翠,即我们熟知的作为历史城市而于 1982 年被列入世界文化与自然遗产名录的佛罗伦萨,它以第一朵报春花——花之圣母大教堂(百花大教堂),象征着欧洲文艺复兴的花之盛开。15～16 世纪,美第奇的时代,经济和文化空前发展,强大的家族因其对艺术的投资和推崇,对这座城市乃至整个意大利的文艺复兴运动,起到了推波助澜的作用,因而翡冷翠名副其实地成为文艺复兴繁花盛开的摇篮。

在其巷陌纵横间,遍布着许多的博物馆、美术馆、宫殿、教堂、府第与别墅建筑。

---

① http://whc.unesco.org/

在这花之故乡,同样孕育了一大批如达·芬奇、米开朗琪罗、拉斐尔、提香、但丁等著名艺术大师,他们都是诞生在这座美丽的花城。

世界各地对于原住民和历史之地,史前和历史遗址,文化资源及对文化资源的管理等的关注与重视,正日益增强。我们这个世界,可以两分法简要地分为自然的与文化的环境。自然资源即是涉及自然环境,伴随人们利用、改变的同时,也正日益重视并欣赏和享受。文化资源,是在自然世界中的人类相互作用或干预的结果。在最为宽泛的意义上,文化资源包含所有人性的表现:建筑、景观、文物、文学、语言、艺术、音乐、民俗及文化机构,这都是文化资源。文化资源常用来作为文化遗产的人文性的那些表现,在景观中物质地表现为场所。而文化资源管理,就是描述看护那些景观之中的文化资源的过程,在此解释为文化或遗产地。

遗产地在如下的文脉条件下存在:是物质景观的一部分,并且彼此联系十分紧密。这在绝大多数原住民的地方非常明显:贝丘因附近的海滩与礁石而存在;绘画或雕刻出现在适宜的石头表面上;人居之地更多地邻近水木丰盛之地。

走向城市文艺复兴充分认识文艺复兴概念,首先以及最重要的取决于基于参与和共同的承诺,以信息技术及网络接触交流的技术革命;①可持续发展重要性的生态以及更广泛的理解;以生命的平均寿命以及更广泛的生活方式的选择而带来的社会转变。走向城市的文艺复兴,包含了总共 105 项建议,包括:设计、交通、管理、再生技能、规划以及投资,亦涉及精致设计的城市人们的生活、工作、休憩等都很密切地以公共交通而串联并且适宜于变化。这些都被判别为是在城市环境中为了文艺复兴而进行的主要成分。这标志了从一个规划的主流转向可持续城市概念的一个重要的转变。

如果说城市的文艺复兴,不是可持续城市发展的全面性的蓝图,它也展示了以一种连贯的方式所呈现的主要组成部分,并且提供了一种框架,在其中个体建筑再生的生成与发生,从单体建筑尺度,到那些可以容纳通过城市再生而促进的项目,并且承认,自从工业革命以来,人类已经丧失了对我们的城市的拥有感、归属感及自信感。

---

① 安德烈,张寿安,梅青.可持续遗产影响因素理论——遗产评估编制的复合框架研究[J].建筑遗产,2016(4):21-37.

以潮流时尚为导向的方法进行城市设计,具有一定的风险性,因为缺乏保障已有棕色地带的已建社区的就业机会的平衡的战略,城市的文艺复兴和可持续的社区,将和谐共同运作。

设计的质量并非仅仅是关于创造新的发展,而且也是关于最好的运用现存的城市环境,那些从历史中心区到低密度的郊区,修复现有的城市肌理,并对于未尽其用的建筑进行再循环。一项重要的建议就是空置的财产策略应该在每一个当地权威区域兴建起来,另一个是公共团体应该释放多余的城市土地与建筑,以使之再生。

关于人们的运动这项议题,走向城市的文艺复兴,也认识到了最好的方法之一,就是鼓励并吸收更多的人,进入城市区域中,以便减少以汽车为交通工具的需要,步行,骑单车,以及公共交通。在邻里层面,引进"家庭区",行人优先,公共领域的设立机制。城市在场所和民众之间,建立了一个重要的联系,城市创造了公民,公民创造了城市。

7.4.4 保护与可持续发展的巧合

在许多城市中,有许多空置的建筑。如果将一些建筑改造转变其空间,使城市获得经济与社会的再生,此外,这也增强了城市中心的安全性,特别是关于贫困和公共领域,只源于采用二维的土地使用的规划而非三维的建筑使用方法。

可持续城市的概念,追求寻找在与生态可持续的本土层面与全球层面的人类需要与市民愿望之间的平衡。认识到城市的自然环境的消费与退化的焦点。而要获得一个可持续的世界,我们必须始于城市。可持续城市寻求保护并增强在自然建成的和文化的环境之中业已存在的,视城市为一个动态和复杂的生态系统,核心目标是创造一个平衡的、自我调节的、自我调整的、基于功能的、结构的、和社会多样性基础上的社会经济与环境组织机构。可持续城市表现为紧缩型具有适当密度的、混用的以及土地的经济使用。可以接近以及步行为优先,公共交通高效能及很好地集成与整合的城市。其中所提出的城市村庄,探讨创造混用的邻里街坊尺度的发展,并与现存城市及社区具有广泛的相关性。

可持续发展,包括了一系列所关心的问题:其中包括栖息地的丧失及生物多样性的丧失,不断升级的不可再生材料与能源的消耗,污染,废气排放,以及这些与地球及生物圈健康之间的关系。可持续发展,认识到在人类与自然环境之间的历史平衡,从全球的到地方在所有层面,已经受到了严重的干扰。最根本之处是发现这样一种平衡,而两者的共同出发点就是作为一个整体的是国际社会,而每一个个体在各自的社区里,都能产生这样的平衡。可持续发展,告诫一种建设性的演化方法,是在人类世世代代的权益基础上人类发展优先基础之上的方法之一,包括健康的提升、教育的发展、生命的质量、过度经济发展聚焦于增加少数人早已富裕了的生活方式。可持续发展,强调生物多样性和文化多样性之间的基本关系,强调每种自然环境的特殊性以及人类栖居于或相连于该环境的生活模式之间的关系以及如果不能平衡将失去两者的危险。最后,可持续发展、理解文化多样性是文化认同、社区归属感,社会包容性与社会参与的一个基本的组成部分。

文化认同的表达体现在很多方面,正如我们经常在文化遗产语境中所经常分类的那样,分为物质与非物质。建筑保护已经演化为一种宽泛的学科,它认识地缘文化的多样性以及本土文化的独特性,尤其是这种多样性与独特性,通过所在地的物质认同一建筑物,建筑细部等,在从纪念性建筑到民间建筑的所有层面。

然而,保护真实性与完整性,必须依照其所在每一个特殊场所来定义,这是构成文化多样性的物质与非物质元素以及社会认同和社会凝聚力的先决条件。从对于背景的分析以及建筑与城市保护理论所产生的一个关键信息,就是最少干预——也表示为对变动率的控制:这表现为对建筑物的结构,对历史城市的肌理,以及对寓居于这些建筑与城市中的社会经济结构。这一保护的信息,与前面提到的格迪斯与乔万诺尼两位大师将保护置于自然科学的理论产生了共鸣,以及可持续城市定义的重点,即认识到这一概念依赖于城市被视作本体或被管理作为一个生态系统,因此将我们带回到由于环境意识而产生的原点。

这一保护的信息与 UNESCO 日益强调非物质遗产的重要性,以及将文化看作为一个动态的和演化的过程这样一种对文化之人类学的视野相一致,其中通过社会经济文化的连续性与强化,超越了将遗产视作为古迹或对过去之记录这样一个狭隘的视野。

对于遗址所在的一方来说,经济价值和旅游资源带来的本地就业影响,经常是保护的一个非常强烈的原因。然而,保护也常常因为成为发展的障碍而遭受反对,尤其是在城市中心区。因为历史中心不仅仅增添了城市性格,而且增加城市的经济。每座建筑、每处场地、遗址或结构的保护,对应于建筑类型,特别是建筑状况与建筑使用,都是不同的。因而,保护一个现存遗址景观所采用的方法,与将一座原来的工业建筑适应性地再利用为居住建筑使用的方法应该是不同的。然而,两者以同样潜在的原则为指导。有很多保护原因,而最主要的原因是建筑有用,或者对使用者具有价值,因而才进行保护。比如说,建筑代表了一个国家或社会团体的一种身份认同。在此情况下,建成的遗产可以被看成是个人集体或其时的想象的记忆的一种物质表现。历史建筑,不但提供了过去的科学的信息,而且也代表了与之的一种情感联系,提供一种在我们之前的那些使用者对于空间与场所的一种体验。

建筑遗产,从代表一种国家的胜利的纪念性建筑,到一种我们熟悉的民间建筑风格的景观。建筑保护,从预防性维护、实施最小的修复,到重大的调整,无论是部分地拆毁或开放,还是允许一项新功能在既存的建筑之中涌现出新的生长。保护,可以包含从保护一座皇宫的天花之装饰性吊顶,或者将一座原来的工厂改造成为一座新的博物馆,还是将一处历史街区保护其特征并允许它演化为一处继续可以在其中居住的场所。

保护是一种管理其改变的过程,而发展则是带来变化的机制。历史建筑并非是孤立的符号,而是一个较大的地区网络、场所、城镇与景观的一部分。在关于建成遗产的保护所应该进行的决策中,一座历史建筑的文脉与背景,与建筑及其物质构成同等重要。建筑保护不仅仅是关于建筑,也是关于人,关于文脉。而任何时候所采用的保护方法,不可避免地与其时的社会价值观紧密相连。保护的作用,就是帮助维护建筑与景观的连续性,并且服务于当下社区及其需要之间做出个平衡的判断。

建筑保护,就像建筑设计一样,是一个创造性的过程。设计的技能应用于既存建筑物中,有效敏感地适应于新的使用功能,特别是当新材料与既存的建筑相结合时。没有任何两个保护的项目是相同的。但是,理解并尊重既成事实是共同的出发点。

可持续发展,强调历史的环境不应该仅仅局限于考古的、建筑的以及历史的兴趣等有限的文化定义。保育方法之理性,在于历史环境的文化意义得到极大的增强之后,应该是与其环境资产——包括历史城市的所有层面、所有尺度相关的。这包含了一种聚焦于重新定位,并强调维护、再利用、适应性以及增强现存环境之基础设施。所有都处于一种总体的、包含可持续的城市原则的框架之内,并与城市管理相协调。

保护——可持续发展的方法并非是新方法。的确,历史上,前工业化是所有文明的范式。建筑材料是再循环的,建筑是再使用的;而进化的额外的附加过程是理所当然的。材料对于个体的资源价值与社区来说是主要的动机;自上而下的对于文化意义的学术解释,并未形成,并且未起作用。后工业化战略性方法,诸如由乔瓦尼①所提倡的并在他本国意大利所寻找而应用于巴黎的方法,反映并持续了这种前工业化的范式。在今日的英国,材料再循环,但是是在一个有限的尺度进行的再循环,部分聚焦于较高价值的建筑材料,而非那些基本的建造材料。在以消费者为导向的社会之遗留问题之一,就是视建筑为一次性的具有极为有限寿命的物体。正如 20 世纪 60 年代晚期的一份出版物所陈述的那样居住建筑,最长寿命 60 年后,应该被替换掉,看上去是合理的。

就地取材的原则,应该是重要的原则之一。可持续发展的口号,通过包容邻近这一概念而得到强调,无论是其工作之地还是休憩之地,还是教育之地到休闲之地,或者是重要的为了建筑保护的传统的建筑材料到本地的工艺技艺。在其中,历史地得到运用,并为此到今天更好地得以应用,减少每天的旅行与运输的需要和在此过程中不必要的非再生能源的使用,是一个主要的受益结果。

20 世纪主要的教训之一就是在人类能够解释一切并使其有秩序这样一种假设之间的对比,以及认识到人类社会和自然世界是如此变化丰富,远比许多人想象与希望的更为丰富多彩。城市规划中自上而下的原则与理论,假想并预测结果。根据功能分割所产生的城市秩序,产生了一系列关于土地使用,运输以及以前没有表现出来的社会问题。正如简·雅各布 1961 年所写的那样:“城市如生命科学一样,遇到了有机复杂性的问题。”②好的规划,仅仅是一个好的管理。城市规划中自上而下的解决办法,追求一种强加那些抽象自真实生活并已经成型的理念于规划

---

① 意大利建筑师,乔瓦尼·米凯路奇(Giovanni Michelucci),他设计竣工于 1964 年的圣·乔瓦尼巴蒂斯塔(Chiesa di San Giovanni Battis)教堂,被认为是意大利 20 世纪最重要的建筑之一.

② 简·雅各布斯(Jacobs, Jane, 1916—2006).美国大城市的死与生[M].金衡山,译.江苏:译林出版社,2006.

案例之中,实践证明是不适合的。

而自下而上,始于对历史城市身份的分析与理解,在于其物质遗产和人类文化的持续演化。需要特殊的对于规划和建筑的需求。在城市规划中,自下而上的方法,允许建筑物、地块的尺寸大小,街道模式和开放空间与传统。

7.5 结论与建议

7.5.1 世界文化遗产的突出普遍价值

1998 年在阿姆斯特丹举行的全球战略会议指出,突出普遍价值可被定义为:“对那些在全人类文明中所宣扬和受到普遍承认的共性观念的优异反映。”ICOMOS 在一项名为“世界遗产名录:填补缺憾——一项为了未来的行动计划(2005)”的研究中采纳了这个定义作为其出发点,提出了一套关于普遍性议题的主题框架,作为探讨指定场地意义时的范式参考。为世界遗产提名所做的准备应当被视作一个过程,其中的每一个步骤都环环相扣。同时,在这个过程中,清楚地区分几个不同的概念是非常必要的。以下三点尤其为重中之重:

(1) 入选的条件在《操作指南》中已经明确,包括至少满足一项突出普遍价值标准,具备符合原真性与完整性的状况,并且在场地中已实施了适当的保护措施与管理机制。

(2) 突出普遍价值,是为入选世界遗产名录的最基本参考条件。这在世界遗产公约中被提及并在《操作指南》的十项标准列表中被明确指定。杰出普遍价值的证实和确认需要在比较型研究中得出,并且应有相关领域的主题型考察作为研究依据。

(3) 定义项目的意义是准备一项提名的基础。这里需要区分项目的“意义”及其“突出普遍价值”,并将这一点参照到场址的“定位”上。对该场址“建立背景故事”涉及如何从普遍性关联中提取和辨识出其主题,并且要求对与其相关的文化历史文脉(在主题型和比较型研究中)有所鉴别。

现阶段ICOMOS在报告中更加着重对“突出普遍价值”的提及，将其视为对文脉的提炼。《操作指南》所定义的标准得到了更多的关注。在这种情况下，值得注意的是，标准的表述由于委员会的决议发生过多次变动。而这导致对突出普遍价值的判定准则也非一成不变。

在世界遗产公约颁布的早期阶段里，对突出普遍价值的要求，相对于包括关于原真性与完整性的要求和对场址实施保护与管理的要求在内的其他入选要求而言，显得格外与众不同。而在2005年公约的版本中，这种情况发生了改变——对突出普遍价值的要求与其他入选要求得到了一视同仁的对待。尽管这种改变表面上看更像是术语层面的转变，实际上却是对整个评估过程甚至之后的跟进都有所影响。

在对一项新提名的评估当中开始时常出现这种情况：该项目在突出普遍价值相关方面表现不俗，却在立法保护和管理规划方面有待提高。结果是，该项提名不得不被建议延期考虑或是提交重审。这只是一个例子，希望引起那些在开发和管理控制方面存在问题的项目提案者的重视。以及，若是在突出普遍价值方面存在缺陷，则可能导致项目最终无法进入名录。

当项目的定位一旦被确定，就必然会推进到针对该项目是否满足突出普遍价值要求的评估。这项评估，很显然，会参考到世界遗产标准。同时，该项目的原真性与完整性指标将受到考核。所谓原真性的要求可阐释为物属应保有真实的和原始的质貌。显然，一项真实的物件必会反映出原物质的正确属性。因而，判断其原真与否的标准取决于本物的基本素质及以下参考项：

a. 在创造性过程和设计中的对原真性的遵循；

b. 表现材料的真实性和结构的一致性；

c. 传承原初传统及现存文化的真实性，包括改变管理时所作出的决策。

《奈良原真性文件》(1994)就提供了关于某具体文物的大量参数以证明其真实性。事实上，此项评估需要在所有必要层面上遵循一种评价标准。尽管如此，对此类参数的有效性甄别因不同案例而异。最终的评估结果需要进行整合。仅基于单一层面的判断是远远不够的。

考量完整性的情况则在于为了证实该项目确实囊括了所有达成其突出普遍价值的基本组成部分，涉及：

a. 社会-功能的完整性；

b. 材料-结构的完整性；

c. 视觉-审美的完整性。

有关完整性的问题在项目的评估中占有重要地位，它涉及该项目的宏观文脉、核心地区及缓冲地区的界定以及更广域的景观文脉。它同样在关乎某特定区域的社会及文化完整性评估方面意义重大，例如保有连贯的传统社会系统及活动的一处文化景观或一块历史城镇地区。在理想的情况下，对于原真性和完整性的评估应当是贯通统一的，以便于它们彼此能够提供支持，其中一方鉴别相关的物质属性或要素，另一方核查这些内容的真伪。

关于突出普遍价值的定义在20世纪70年代已开始出现雏形。它的正式成果就是2005年出版的《操作指南》中给出的突出普遍价值定义：其中的第49条写道："那些优秀到足以超越国界并且在全人类的当代及未来都拥有普遍重要性的价值。"1998年在阿姆斯特丹举行的全球战略会议提出过一个有些许差异的定义，认为突出普遍价值即为"对那些在全人类文明中所宣扬和受到普遍承认的共性观念的优异反映。"尽管这两个定义的侧重点有所不同，它们彼此并不冲突。不如说，它们能够且理应相互补充、融合，从而更好地阐释了这个概念。世界遗产名录并非旨在仅仅列项出每个缔约国境内遗产的杰出例证。反而是，在评估中，将每一项提名视为"超越国别"的文脉展现。因此，这项工程的整体参考构架必须是国际性的，或者说"全球性的"，就像建筑界的现代运动那样。

在定义突出普遍价值中的一个关键问题是"普遍"这个提法。上文提到的两个定义，都将这个概念阐释为类似于人性中或全人类文化中的"共同性"。然而如此代换并不完全可行——比如说，某项遗产举世闻名，这是仅就当下的判断和认知而言的。与此理解不同的是，共同性的概念应指的是某提案或主题能够被全人类的文化所分享，同时每种文化和时代对此做出基于自身特性的反馈。ICOMOS所提出的"主题型框架"，正是基于对这些全人类共享主题及提案的鉴别。与此同时，如1998年提出的那个定义所提及的，我们还应当关注"人类的创造性"在其中扮演的角色。事实上，创造性是人类文化的另一基本体现，如《世界文化多样性宣言》(2001)所指出的——是"人类的共同遗产"。

2005年版《操作指南》的定义认为申报项目的"意义"应"十分优秀"到足以在

全人类的文化分量中占据“同种重要”的地位。这里的“十分优秀”必须不仅仅指“优于一般水平”。而是指在重要性和本身质量方面具备特别高的水准,能够承担起作为普遍同类事物中典范和表率的职责——是为其“意义”的表现。因而,这里的“十分优秀”可理解为“卓越”,“非凡”,“出类拔萃”。提出主题框架的目的在于鉴别出合适的主题并帮助判断该主题下的某项目是否具备“卓越性”。而主题型研究的目的在于界定出在相应的文化一历史条件下该主题所能够呈现的相关领域范围。在这之后,比较型研究将指出该项目在文脉中的相关价值。最终的成果就会像国际文物保护与修复研究中心(ICCROM)在1976年那篇关于突出普遍价值的报告(见附录)中所表明的那样:

“如今的现状是,这种现于某样物什或文化合奏的价值并不能够被世人所认识,除非由那些在该主题下被认为能作为当代最前沿的普遍意识发言的针对性科学文献提到它。”

因此之故,为世界遗产名录提名的准备工作,绝不应该仅仅从单个国家的利益出发来着手进行。应该说,为了联合起整个相关区域内从事相关知识研究的专家们,地域水平上的协同合作是必不可少的。此外,与其等待决策的结果出来后才开始进行某项提名工作的准备,更有助益的做法是参与到基于现有备选名单而开展的工作中去,并提前检测这些可能得到提名的项目的可行性。在本篇报告的第三章中,笔者已列举过大量例子来引证一些在过去的审议中提及的主题。应当注意到,其中的许多主题可以被应用到其他类型的项目中去。就呈现的结果而言,那些被提名的项目其实局限在纪念性遗址(清真寺,庙宇,大教堂,统治者官邸这一类)或是一块覆盖了历史城区中心(拥有建筑群)的区域,又或者干脆就是将一整片文化景观作为场址。许多参数都会影响最终的决策,也包括项目在全局上的原真性及完整性,和项目中的现存要素及它们受到保护的状态。最后,问题仍然在于文化一政治意识以及从社会和实践的角度来决定何者具备可行性。

标准一:在早期是以“一项独一无二的艺术或美学成就,创造性的天才杰作”为标准的。后来随着世界遗产名录中加入新的项目类型,在讨论如何介绍这些新类型的会议——如1994年的运河遗产会议中,“独一无二的艺术或美学成就”的说法被舍弃了,只保留了“人类的天才创造性”这个部分。这即意味着一项世界遗产提名项目不仅要见长于其艺术或技术水平，还应在艺术或技术的创新发展历史上有突出的贡献。从过去的经验看来，这项标准主要被应用于“创造型作业”的主题下，其中包括了杰出的建筑品质，杰出的艺术作品(雕塑、绘画等)，杰出的城市设计或景观设计，以及创新技术的成就。在应对标准一的时候，人们总会热衷于给项目冠上“独一无二”的噱头。然而，为了证明一项设计或创新项目的卓越性，对其相关文化一历史文脉的鉴别并提供一份全面的比较性分析才是不可或缺的。

原真性的问题在考虑标准一的情况下显得尤为重要。因为必须要展示出被提名项目确实是一项创造性努力的成果。举个例子，不久前入选的悉尼歌剧院被认为是 20 世纪人类遗产的杰出代表，而波斯波利斯城被视为公元前 6 世纪人类文明的范例。在这两个例子中，尽管大有珠玉在前之势，其建筑设计仍然实现了造就出新颖的杰作。至于在这项标准中对完整性问题的考察，其对象应被理解为实质上对该项目的创新品质有所贡献的全体要素。

标准二：最初是指某项目在经过实际的历时后所产生的影响力和影响效果。自 1996 年开始，作为一些主题型会议的成果而呈现，就如在运河遗产会议上，这种提法被修正为“人类价值的重要交换”。然而在发掘生成人类价值的重要性的过程中，人们也不应忘记最初的“影响”这一概念。所以说，这项定义可以理解为“影响与价值的相互交换”。在许多涉及艺术史、建筑史与城市建设史、技术史的案例中，这一标准往往意在引导人们侧重去关注影响力的情况。能够看出，价值的体现是与文化、社会和经济的发展密切相关的，并且反映出一些遗产保护中的迫切利益问题所在。通过这一标准来指出不同的影响与价值综合在一起产生效用也与此相关。然而，简单地通过参照某一项目类型中一个已得到妥善保存的范例来草率评价它并不是合适之举。

对原真性的关注应放在考察信息源的真伪上。此处问题的要点尤其在于鉴别相关文化区域及证实已经产生影响效果的范围。完整性的考量则应涉及那些促成该项目得以产生和发挥影响力及/或其价值的相关要素。

标准三：所指的是能证实某种文化传统或文明仍存续或已消失的证据。在第一版草案中，这一标准对应指的是珍品或古迹。事实上，一些早期的提名是作为“优秀古物”而被认可的(例如阿瓦什下山谷)。该标准常常被用于针对那些“已遗失的”文明或神话上。然而，它也适用于一些年代更近的历史，比如 19 世纪人们所取得的科技成就。自该标准在 1995 年 /1996 年又获得了一些改变以来,它还用于现存的文化传统相关议题。这揭示了一种重要的全新尝试,将这一标准的适用范围从旧时文明的考古证据扩展到了现实生活文化。显然,这些被虑及的文明或文化传统本身应为其普世价值自证——意即,它当为世界历史的进程带来必要的元素。

对原真性的检验在此可以通过两种方式来实施。其一是验证历史材质的真实性。这与那些含有古迹遗存的考古场合有密切的相关性。此举的意义在于将这些历史物证完好地保存。另一种检验原真性的形式考虑到所关注的文化传统其真实的本质特性。与之相关的,例如文化景观协同延存传统型住区及 /或土地使用的案例。对完整性的考证取决于项目的特性和定位。另一方面,在定义项目和界定其边界时,完整性的问题也会作为重要的参考。在留存文化传统的案例中,在考虑区域范围时,要选择全部的区域还是其中的部分——在这个过程中,完整性的问题就会被提及。

标准四:指的是类型或属性的概念,在开始时更多的属于建筑类或城市建设类,后来还包括了景观类。与此同时,该准则要求被提名的项目能演示一个或以上重要的历史阶段。据此,改标准将得以在应对重要"原型"或最具代表性典例的类型学的问题上起到作用。当问题深入到一件人工制品的设计或是一处住区的规划时,对于原真性的检验涉及材料的真实性和项目的设计。同时,原真性应与完整性情况的界定关联起来进行考虑,以确保该项目中所有有效促成其杰出普世价值的组分都被囊括在内。在历史(合奏)城区或文化景观的案例中,有必要去证实该项目不仅涉及既有构造和相关空间关系,同样还涉及其社会功能状况和改造的潜在趋势。此外,还有必要去评估更广域景观范围内整体视觉的完整性。从历史城市景观这一新兴概念的角度来看,要考虑被提名项目的哪些部分与广域文脉有所关联,此事尤为相关。

标准五:指向"具有某文化(或某些文化)代表性的传统人类聚居行为、对土地或海洋的利用或其他人类对环境的干涉行为,尤其是那些产生了不可逆影响、使环境受损的举措"。这一准则的定义随着时间推移及"遗产"一词本身的意义演进而有所扩充。特别是从广义上的文物建筑到土地使用甚至海洋使用的发展就已显现出这种衍化的趋势。作为结果所呈现的是,与评定这项标准相关的主题涵盖了:聚落及历史城镇、考古基地、生态系统及景观防御工事甚至工业区，如瑞典法伦地区和日本石见地区的矿区及其相关文化景观。

像标准四中提及的案例一样，原真性与完整性的评估在此是紧密相关的。对完整性的考证尤为重要，且应结合项目的社会功能、材料结构、视觉层面及其与广域文脉的关系。就如《操作指南》所提到的，在评估中囊括所有有效支撑该项目杰出普世价值的要素一事，其重要性必须予以强调。关于原真性的问题，可以在验证被提名项目材料及结构要素的真实性中得到部分体现，同时还应考虑真实社会与文化传统的连贯性。

标准六：可以被视为是世界遗产公约和2003年的非物质文化遗产保护公约的连接点。这项准则考察项目同"蕴含理念或信仰、承载艺术文学作品的事件或生活传统"之间的联系。这一标准，尤其在单独作用时，受到委员会定期地限制，甚至在2005年版的《操作手册》中被认为"宜与其他标准结合使用"。如其自身文本所指出，该标准结合了从文化认同到心理学、科学及政治学等不同领域的理念，并被应用于对那些与宗教、神话、甚至贸易相关的传统进行评判。

值得注意的是，这项标准有其使用的限度。因此，在项目涉及某特定宗教的发源地或首要朝圣地的情况下，或当项目的审议受到宗教信仰的影响时，有必要区分其适用程度。第一种情况通常很容易判断，而第二种情况则应只在特殊条件下使用该标准。另一点需要着重考虑的是被提名区域中物理结构的质量。当有其他标准参与评判并得到满足时，此项质量被自动视为合格。然而，当此一标准被提出单独作用时，这项质量就需要被仔细审查了。在 Michel Parent 1979 年所作地报告中他已指出，该标准不应被用作仅仅考证重要名人事迹。

原真性的证实与标准六息息相关，尤其在社会文化与历史的层面上关系密切。在涉及神话的案例中，"真实"的成分并不像在其他情况中那样被关注，更需要在意的反而是社会文化传统的纯正性。另一方面，应当认识到，无论在过去还是当下，神话都是许多传统文化中享有基础地位的要素。因此，它也是传统社区社会文化完整性的一部分，应当从管理系统中被识别出来，尤其是在处理一项传统型管理系统的情况下。

标准七：是一个在实践上连接自然与人文的有趣事件，这种连接是公约的基本目标之一。尽管有将自然和自然景观纳入考虑，这项标准的基础仍然是建立在关于心理学和美学的文化与历史之上的。它也因而企图建立一种协商型和跨学科的联系，这种联系首先发生在参与提名准备工作的专家们之间，其后出现在对项目的评估和监控之间。①②

7.5.2 建筑与地产之转型为世界文化遗产

从一个特殊建筑或其一部分的选址、形式和规划中可得知他原本的用途，当这一功能停止或者改变时，它会留下需要证实或者解释的迹象。由于这一原因，一种对于社会的、文化的和国家政策的基本的自我的认识，将会对解释这些迹象产生帮助。

在某种功能的需求下或者作为整体的一部分，建筑或结构经常被建造并扮演一个特殊的角色；使用中的地产正在逐渐废弃、失修并且灭亡，这种情况与很多不同的紧密相关的因素有关。如果要采取恰当的行动，必须要了解这些因素；对建筑产生影响的废弃过程与建筑功能的改变或者使用者的改变有关。第一种情况可以看作是功能的、经济的、地域的、社会的、法律的、物理的废弃。建筑的使用者也会产生基于个人目标和看法的决定，这会直接影响到建筑的状况，这包括身份地位、品位、时尚和个人信仰。

针对现存的建筑结构的首要任务是一种对文化遗产存在并继续生存的理解、价值评估和认同。对这些建筑的检查、评估和报告将会提醒和影响对于它们的将来所做的决定。因此，全面地了解鼓浪屿的世界文化遗产的价值，以及相关历史建筑及遗址地转型之必然性与保护能力对于从业人员来说至关重要。

保护政策与实践的潜在趋势：在其中保护实践、社会文脉和利益相关者是集成的、连接的、条理清晰连贯的。在传统上，保护领域的着力点多在物质条件方面。对于了解和捕捉遗产物质状况恶化的情况，已经取得了很大进步。结果，在物质科学与技术介入领域，在过去的若干年中已有一定量的信息应用于保护领域。

在管理的领域，在法律和经济领域也涌现出了某些保护特定的话语。然而这类研究聚焦于遗产拥有者的权利与财经方面，而非在保护领域或者将保护作为社

---

① 以上内容参照 What is OUV? Defining the Outstanding Universal Value of Cultural World Heritage Properties. http://www.icomos.de/pdf/Monuments_and_sites_16_What_is_OUV.pdf.

② 史晨暄.世界遗产四十年：文化遗产“突出普遍价值”评价标准的演变[M].北京：科学出版社，2015.

会中的公民之物的关于遗产资源管理的复杂性方面。同样的,有关于遗产体现在自然环境中对后代的责任、物质文化、社会功能及管理等,以及遗产艺术与历史价值、个人价值的准则,也存有广泛的信息。

相对而言,特定的文化遗产保护或已进行的保护领域的服务的研究相对较少。事实上,所有的保护研究的绝大部分依然聚焦在物质层面的挑战方面,即材料的恶化损毁以及可能的干预,也即是多集中在物质本体而非其文脉层面。每一种保护行动都是由于一个物件或者一个场所是如何被估值所形成的。其社会文脉、可以获得的资源、本地的优先权,等等。对其处置与干预的决定,并不仅仅是对于其物质的损毁来考虑的。然而,缺少以上三方面的条理清晰的知识集合,对于评价与将这些彼此整合也是非常困难的,在保护专业工作中也是同等重要的因素。

在当今建成环境中,如何再认识前人留存下来的历史建筑与遗产,成为摆在我们面前的工作。通过近年指导的历史建筑与遗产保护实践案例——鼓浪屿,探讨空间作为历史建筑与遗产的主题,在当下所经历的与历史、与文化、与社会、与环境等相应和的流转。为遗址再生,使失去生命的建筑遗产地获得新生;核心单体建筑的保护与再利用,使建筑肌理与底色得以重现;对于六座建筑所进行的再利用设计,提取传统色彩精髓赋予历史建筑与环境新的生命色彩。总结如下:

(1) 我们的建成环境,在本质上是我们人类自身的投射,如何认识历史建筑与遗产,就是如何认识我们人类曾经的过往。

(2) 漠不关心地越过历史建筑与遗产而求新,是否定自我空间走向他我空间的建筑革命,也是对以空间为本质的建成环境的误解。

(3) 申请世界遗产并进行保护的另一个原因,是促进国家身份与民族认同,或者是明确地吸引国内和国际的旅游。实际上,为早已存在在那里的遗产增加环境与经济价值,而并非浪费开发资源。

(4) 一座坐标性的建筑物,不但具有其自身的建筑品质,而且在治理与民主中具有象征性的作用,特别是遗产可以引起某种思乡怀旧的情愫,这解释了为何人们选择参观历史城镇及具有历史意义的地方。

自然法则使我们再认识历史建筑与遗产保护的目的与任务:当近现代城市建筑的空间已无法满足当下时代功能时,时间之轮终将建成建筑转变为遗产。为创造一种“中国近现代城市建筑的嬗变与转型”提供一个有益的尝试。

参 考 文 献

中文专著

[1] 国家文物局. 世界遗产公约申报世界文化遗产:中国鼓浪屿[R]. [2014-03].

[2] 梅青. 中国精致建筑 100:鼓浪屿[M]. 2015.

[3] 张海文等.《联合国海洋法公约》图解[M]. 北京:法律出版社,2010.

[4] 阿尔弗莱德 · 逊兹. 幻方:中国古代的城市[M]. 梅青,译. 北京:中国建筑工业出版社,2009.

[5] 梅青. 中国建筑文化向南洋的传播[M]. 北京:中国建筑工业出版社,2005. 鼓浪屿申报世界文化遗产系列丛书编委会编辑,《大航海时代与鼓浪屿》——西洋古文献及影像精选[M]. 北京:文物出版社,2013.

[6] 梅青. 中国建筑 · 城池村落 · 鼓浪屿[M]. 台湾:锦绣出版公司;北京:中国建工出版社,2002.

[7] 董学文. 美学概论[M]. 北京:北京大学出版社,2003.

[8] 北京市古代建筑研究所编,北京古建文化丛书一近代建筑[M]. 北京:北京出版集团公司,北京:北京美术摄影出版社,2014.

[9] 爱德华 · 丹尼森(Edward Denison). 中国现代主义建筑的视角与改革[M]. 北京:电子工业出版社, 2012.

[10] 李锐著. 李清泉传[M]. 于以国基金会出版,2000 年—菲华丛书(6).

[11] 梅青. 女性视野中的城市街道与生活[M]. 上海:同济大学出版社,2012.

[12] 凯文 · 林奇(Kevin Lynch). 城市意象(The Image of the City)[M]. 2 版. 方益萍,何晓军,译. 北京:华夏出版社,2017.

[13] 海德格尔. 存在与时间一现代西方学术文库[M]. 陈嘉映,王庆节,译,熊伟,校. 北京:三联书店,1987.

[14] 史晨暄. 世界遗产四十年:文化遗产"突出普遍价值"评价标准的演变[M]. 北京:科学出版社,2015.

[15] 艾米丽·泰伦.新城市主义宪章[M].2版.王学生,谭学者,译.北京:电子工业出版社,2000.

[16] 简·雅各布斯(Jacobs,Jane,1916—2006).美国大城市的死与生[M].金衡山,译.江苏:译林出版社,2006.

古籍

[1] 清钞本.闽海纪要[A].北京:中国国家古籍图书馆.

[2] 清傅氏钞本.张忠烈公集[A].卷六.北京:中国国家古籍图书馆.

[3] 民国希古楼刻本.闽中金石志[A].卷十四北京:中国国家古籍图书馆.

[4] 民国景十通本.清续文献通考卷五十七十杂考二[A].北京:中国国家古籍图书馆.

[5] 清光绪石印本.清经世文续编卷七十八兵政十七.道光洋艘征抚记[A].北京:古籍图书馆.

[6] 清文渊阁四库全书本.胜朝殉节诸臣錄卷七钦定胜朝殉节诸臣录[A].北京:古籍图书馆.

[7] 治台必告录[A].北京:中国国家古籍图书馆.

[8] 闽粤巡视纪略[A].北京:中国国家古籍图书馆.

[9] 国朝柔远记.卷十二[A].北京:中国国家古籍图书馆.

[10] 防海纪略.卷下[A].北京:中国国家古籍图书馆.

[11] 海国图志.卷一[A].北京:中国国家古籍图书馆.

[12] 小腆纪传.卷三纪第三[A].北京:中国国家古箱图书馆.

[13] 约章成案汇览甲篇卷二.条约[A].北京:中国国家古籍图书馆.

[14] 约章成案汇览乙篇卷十上.章程[A].北京:中国国家古籍图书馆.

[15] 东溟文集,文后集.卷五[A].北京:中国国家古籍图书馆.

[16] 缘督庐日记抄.卷四[A].北京:中国国家古籍图书馆.

[17] 语石,卷五[A].北京:中国国家古籍图书馆.

[18] 夷艘入寇记卷下[A].北京:中国国家古籍图书馆.

[19] 盾墨拾馀.卷九四魂集魂南集[A].北京:中国国家古籍图书馆.

[20] 诗铎.卷十三[A].北京:中国国家古籍图书馆.

[21] 东华续录(光绪朝).光绪一百七十六[A].北京:中国国家古籍图书馆.
[22] 清史稿.本纪二十四德宗本[A].北京:中国国家古籍图书馆.
[23] 清史稿.志五十二地理十七[A].北京:中国国家古籍图书馆.
[24] 钦定胜朝殉节诸臣录[A].北京:中国国家古籍图书馆.
[25] 洋防说略[A].北京:中国国家古籍图书馆.
[26] 得树楼杂抄[A].北京:中国国家古籍图书馆.
[27] 籀经堂频稿[A].北京:中国国家古籍图书馆.
[28] 归朴龛丛稿[A].北京:中国国家古籍图书馆.
[29] 三湘从事录[A].北京:中国国家古籍图书馆.
[30] (乾隆)福州府志[A].北京:中国国家古籍图书馆.
[31] 靖海志[A].北京:中国国家古籍图书馆.
[32] 东南纪事[A].北京:中国国家古籍图书馆.
[33] 三藩纪事本末[A].北京:中国国家古籍图书馆.
[34] 清经世文绩编[A].北京:中国国家古籍图书馆.
[35] 行朝录[A].北京:中国国家古籍图书馆.
[36] 清绩文献通考[A].北京:中国国家古籍图书馆.
[37] (嘉庆)大清一统志[A].北京:中国国家古籍图书馆.
[38] 东华绩录(道光期)[A].北京:中国国家古籍图书馆.
[39] 南通逸史[A].北京:中国国家古籍图书馆.
[40] 中西纪事[A].北京:中国国家古籍图书馆.
[41] 小腆纪年附考[A].北京:中国国家古籍图书馆.
[42] 东华绩录(光绪朝)[A].北京:中国国家古籍图书馆。
[43] 海东逸史[A].北京:中国国家古籍图书馆.
[44] 张忠烈公案[A].北京:中国国家古籍图书馆.
[45] (闽中金石志)[A].北京:中国国家古籍图书馆.
[46] 胜朝殉节诸臣录[A].北京:中国国家古籍图书馆.
[47] 台湾郑氏始末[A].北京:中国国家古籍图书馆.
[48] 夷氛闻记[A].北京:中国国家古籍图书馆.
[49] 海上见闻录定本[A].北京:中国国家古籍图书馆.

[50] 顾亭林先生诗文注[A]. 北京:中国国家古籍图书馆.
[51] 壮怀堂诗[A]. 北京:中国国家古籍图书馆.
[52] 意茗山馆诗稿[A]. 北京:中国国家古籍图书馆.
[53] 鲒埼亭集[A]. 北京:中国国家古籍图书馆.
[54] 愚斋存稿[A]. 北京:中国国家古籍图书馆.
[55] 希古堂集[A]. 北京:中国国家古籍图书馆.
[56] 赌棋山庄集[A]. 北京:中国国家古籍图书馆.
[57] 赌棋山庄词话[A]. 北京:中国国家古籍图书馆.
[58] 松龛先生诗文集[A]. 北京:中国国家古籍图书馆.
[59] 东溟文集[A]. 北京:中国国家古籍图书馆.
[60] 缘督庐日记抄[A]. 北京:中国国家古籍图书馆.
[61] 英轺日记[A]. 北京:中国国家古籍图书馆.
[62] 诗铎[A]. 北京:中国国家古籍图书馆.
[63] 碑传集补[A]. 北京:中国国家古籍图书馆.
[64] 民国景十通本.《清续文献通考》卷五十七十杂考二[A]. 北京:中国国家古籍图书馆.
[65] 民国通古博今(得树楼杂抄) [A]. 北京:中国国家古籍图书馆.

中文期刊

[1] 安德烈,张寿安,梅青. 可持续遗产影响因素理论——遗产评估编制的复合框架研究[J]. 建筑遗产,2016(04):P21-37.
[2] 梅青. 鼓浪屿近代建筑的文脉[J]. 华中建筑,1998(03).
[3] 刘滨谊,马玥. 景观环境尽度与神奇感受——鼓浪屿五维景观环境的保护与拓展[J]. 中国园林,2004(01):P42-44.
[4] 何俊花,申晓辉. 浅析鼓浪屿的人居环境模式[J]. 福建建筑,2006(06):P5-8.
[5] 林振福. 城镇型风景区的社区发展策略研究——以鼓浪屿为例[J]. 城市规划,2010(10):P78-81.
[6] 王唯山. 鼓浪屿历史风貌建筑保护规划. 城市规划[J]. 2002(07):P54-58.
[7] 魏青. 从鼓浪屿文化遗产地保护管理规划的编制与实施谈规划系统中的整体

性、关联性与动态性[J]. 中国文化遗产,2017(04). P32-43.
[8] 吕宁,魏青,钱毅,孙燕. 鼓浪屿价值体系研究[J]. 中国文化遗产,2017(04). P4-15.
[9] 石林,过伟敏. 鼓浪屿海天堂构中楼建筑装饰解析[J]. 装饰,2016(07). P80-82.
[10] 于立,刘颖卓. 城市发展和复兴改造中的文化与社区:厦门鼓浪屿发展模式分析[J]. 国际城市规划,2010(06).
[11] 王唯山. 共同合作——城市历史保护的有效途径及其作为厦门市鼓浪屿“申遗”的策略[J]. 建筑与文化,2009(11).
[12] 赵安琪,李汪南. 从历史中走来——“继承性保护”——厦门鼓浪屿龙头路街区形态分析和未来改造的探讨[J]. 工程建设与设计,2009(11).
[13] 王唯山,林振福,林立,卜昌芬. 寻求“多元”与“共生”的城市和谐更新——以“鼓浪屿内厝澳片区改造规划研究”为例[J]. 规划师, 2009(02).
[14] 吴世丹. 鼓浪屿建筑的中西折中风格探析[J]. 郑州轻工业学院学报(社会科学版),2008(06).
[15] 王唯山. 鼓浪屿历史街区再生的规划思考——结合鼓浪屿龙头路街区调查[J]. 建筑与文化,2008(03).
[16] 陈经纬. 鼓浪屿的建筑风格及其文化背景探析[J]. 福建建筑,2006(05).
[17] 周维钧. 海上花园鹭岛明珠——鼓浪屿控制性详细规划[J]. 规划师,2000(01).
[18] 梅青,罗四维. 从鼓浪屿建筑看中西建筑文化的交融[J]. 南方建筑,1996(01).
[19] 成丽,邱梦妍. 鼓浪屿传统民居建筑板门研究. 建筑学报[J]. 2017(01).
[20] 钱毅,魏青. 近代化与本土化——鼓浪屿建筑的发展[J]. 建筑史,2017(01).
[21] 钱毅. 从殖民地外廊式到“厦门装饰风格”——鼓浪屿近代外廊建筑的演变[J]. 建筑学报, 2011(01).
[22] 李敏,袁霖. 海上花园城市鼓浪屿的世界文化遗产价值探析[J]. 建筑史,2017(01).
[23] 钱毅. 从殖民地外廊式到“厦门装饰风格”——鼓浪屿近代外廊建筑的演变[J]. 中国城市规划学会会议论文集, 2016.
[24] 谈振. 简析厦门鼓浪屿历史街区保护及更新[J]. 江西建材, 2016(13).
[25] 李渊,叶宇. 社区记忆场所的分类与优化——以鼓浪屿为例[J]. 建筑学报,

2016(07).

学位论文

史晨暄."世界遗产突出的普遍价值"评价标准的演变[D].清华大学博士论文,2008.

准则与公约

《保护世界文化与自然遗产公约》,http://whc. unesco. org/en/guidelines 1927 年. http://wwww unesco. org/whc/world-he. htm.

国家文物局,中国文物古迹保护准则,2015 年. www. sach. gov. cn/art/2015/5/28.

外文文献

[1] Cody,Jeffrey;Fong Kecia eds. ,Built Environment[M]. Vol. 33,No. 3, Alexandrine Press,2007.

[2] EricaAvrami, Randall Mason,Marta de la Torre,Values and Heritage Conservation[R]. Los Angeles:The Getty Conservation Institute,2000.

[3] Feilden,Bernard M. Conservation of Historic Buildings[M]. Boston: Butter worth Scientific, 2004.

[4] Fengqi Qian. "China's Burra Charter: The Formation and Implementation of the China Principles" International Journal of Heritage Studies[J]. 13:3, P255-264.

[5] JaredDiamond,The World Until Yesterday:What Can We Learn from Traditioal Societies? [M]. Penguin Books:Reprint edition,2013.

[6] JeremyL. Caradonna, Sustainability: A History [M]. Oxford University Press,2014.

[7] Jukka Jokilehto. What is OUV? Defining the Outstanding Universal Value of Cultural World Heritage Properties[M]. Berlin: Hendrik Bä ßler Verlag, 2008.

[8] Marta de la Torre,edit. Assessing the Values of Cultural Heritage[A]. The

Getty Conservation lnstitute,2002.

[9] MASONR. ed. Economics and Heritage Conservation: A Meetiy Organized by the Getty Conservation Institute[M]. Los Angeles, CA: Getty Conservation Institute,1998/1999.

[10] Mei Qing. Houses and Settlement: Returned Overseas Chinese Architecture in Xiamen, 1890s—1930s[D]. USA. UMI Michigan, 2004.

[11] Mei Qing. What can we dedicate to you? [R]. 2013年2月美国盖蒂基金会“联结海洋”主题论坛论文.

[12] Riegl, Alois. The Modern Cult of Monuments: Its Character and Its Origin. In Opposition 25: Monument/Monumentality, edited by Kurt Forster[J]. New York: Rizzoli, Fall, 1982.

[13] Wim Denslagen, Romatic Modernism: Nostalgia in the World of Conservation[M]. Amsterdam University Press,2009.